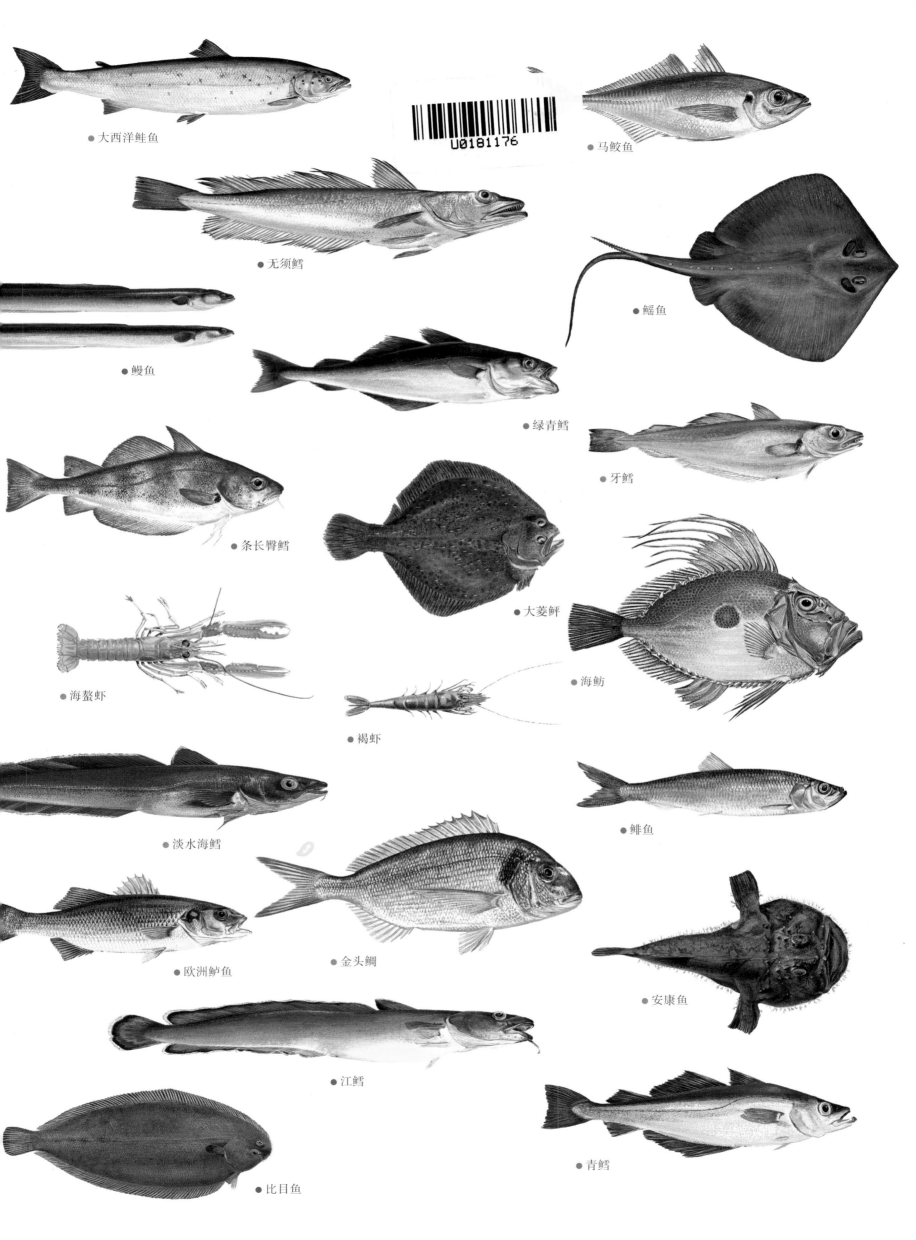

● 大西洋鲑鱼

● 马鲛鱼

U0181176

● 无须鳕

● 鳐鱼

● 鳗鱼

● 绿青鳕

● 牙鳕

● 条长臀鳕

● 大菱鲆

● 海蛄虾

● 海鲂

● 褐虾

● 淡水海鳕

● 鲱鱼

● 欧洲鲈鱼

● 金头鲷

● 安康鱼

● 江鳕

● 比目鱼

● 青鳕

[法]亚恩·阿蒂斯-贝特朗　[美]布赖恩·斯克里　著　龚思乔 译

后浪出版公司

L'HOMME
ET LA MER
人类与海洋

中原出版传媒集团
中原传媒股份公司

大象出版社
·郑州·

目录

序

摩纳哥亲王阿尔贝二世

与雅克－伊夫·库斯托上校以及其他几位杰出先驱一样，亚恩·阿蒂斯－贝特朗也是世界环保卫士中的一员。他在《鸟瞰地球》中用出色的作品揭示了地球目前面临的威胁，震撼了广大读者，产生的影响力可与已故的库斯托上校的纪录片《寂静的世界》相媲美，而这本书也同样令人震撼。

亚恩·阿蒂斯－贝特朗和布赖恩·斯克里的这些绝美而富有同情心的摄影作品，是为最广大的读者而创作的。科学论据和政治辩论固然重要，但光靠它们并不足以帮助地球应对这场在 21 世纪面临的挑战，也并不足以动员更多的人来保护我们的共同遗产。

作为纪录片《海洋星球》的后续，这部作品从艺术、科学、自然以及人类挑战的角度全方位地向读者介绍了海洋。与海洋相关的话题往往显得过于复杂或遥远，但本书却带领读者直观地看向我们的海洋、看向我们的未来。

面对巨大的挑战时，最大范围地动员尽可能大的力量极为必要。在未来的几十年内，若想阻止海洋的不断退化，人类就必须深入改变自己的生活方式。

海洋储藏着丰富的氧气，可以缓解气候变化，并保护着大量未经开发的生物多样性资源，是维持生物圈平衡的关键因素。海洋物种同时也是沿海居民的食物来源、工作来源和贸易来源。

我坚信本书不仅是写给海洋保护者们的，也是写给地球上所有的居民的，它传递了对我们所生活的星球的尊重与责任。

作者序 一

亚恩·阿蒂斯－贝特朗

海明威笔下的渔民形象已一去不复返。那位老人在杀鱼之前痛苦挣扎的内心，以及他与鱼之间建立的友好关系，都已不再能从现代那些操纵着工业拖网渔船、满脑只剩冷漠算计的船员身上看到。

可是，哪怕现代人意识不到了，他们与海洋仍是紧密相连的：世界上没有一片土壤或海洋未留下人类的印记，甚至已遭到人类的破坏。本书标题中的"与"就强调了这种基本关系。这是一种矛盾的关系，因为人类既是所有问题的制造者，也是问题的解决者。

如何将这种矛盾呈现出来？如何让人们看到海洋的美、多样性、益处，以及面临的威胁和我们可以提供的解决方案？如何创作一本不一样的书，一本不只是介绍鲸、珊瑚，同时也介绍人类印记的书，一本重新定位海洋与陆地以及工业社会的关系的书？

我通过与一名杰出的摄影师布赖恩·斯克里进行合作，来完成这本书。想必你们很快就能想到原因：他的照片比我的文字更有说服力。

一人升到高空，一人沉入海底，他的和我的视角相辅相成。我们都向着同一个方向努力。我们都见到了这个世界的美，也都选择将它的美展现给世人，以求能加强对它的保护。

尽管地球在改变，在经受多重威胁，但依然美不胜收。而或许描绘它的美，能激起人们的动力，让它得到更好的保护。

事实上，你们看到的是一个三方对话。因为这本书并不只属于我和布赖恩，同时也属于一个由奥利维尔·布朗德领导的记者和专家团队。每天，他们都会在由我建立的"美好星球"（Good Planet）基金会的平台上、在网站上，在包括此书在内的他们发表的相关主题的刊物上，就地球所面临的问题发布调查报告和预警。

本书是我的基金会正在进行的项目中的一项。我们还将和米歇尔·皮蒂奥一起拍摄电影《海洋星球》[1]，在学校张贴海报、办展览、为孩子们举办各种启发活动……欧米茄集团慷慨赞助了这一系列活动。

这是一本合作完成的书，代表了集体的努力和为保护我们的地球所需的凝聚力。

1　本书法文版出版于2012年，同年《海洋星球》上映。本书注释如非特别说明，均为译注。

作者序 二

布赖恩·斯克里

有一天，在一次采访中，有人问我："你认为在摄影史上最重要的照片是哪张？"我毫不犹豫地回答："第一张从太空拍下的地球。"我确信自己不是唯一一个这么想的人。这张照片值得被反复提及，是因为从这个视角看到的地球让我们对自己的家园有了更多的了解——首先进入视线的就是海洋，我们生活在一个被海水包围的世界，一个据我们所知独一无二的世界。生命就诞生于地球上的原始海洋里。

热爱海洋的人不用等别人来告诉他海洋有多重要。但即使我们住在远离海洋、感觉不到和海洋有直接联系的地方，它也仍是我们生活中至关重要的存在。我们吸入体内的大部分氧气和摄入的大量蛋白质事实上都来源于海洋。我们日常使用的大部分商品也是靠船只从海上运输给我们的。然而，尽管海洋在人类生活中占据重要地位，我们还是完全没把它放在眼里。我们从海洋攫取一切我们想要的东西，然后再"回报"给它一切我们想丢弃的东西，却不采取任何措施来保护它。

我已经花了 35 年的时间探索海洋，在海洋中看过很多令人惊叹的东西。有时候我觉得我的职业就是和海洋中的动植物一起，去体验那些生命中的起起伏伏。但是在这短短的几十年里，我也经历过水下很多可怕的、不为大众所知的事。作为摄影师和记者，我总觉得有一种迫切的责任感推动我去见证这些现象、目睹这些美景。

人类是"视觉动物"，我认为图像最能触动我们的内心。被拍下的大自然拥有平复人心、激发灵感和好奇心的力量。这些照片也能督促我们改变自己的行为，将想象付诸行动。

我们在《人类与海洋》这本书中放入了各种照片：有的绝美，有的却令人不安。我很荣幸能和亚恩·阿蒂斯－贝特朗，这位我倾慕已久的艺术家，合作完成这部作品。我相信这次特别的合作能让大家看到一些在《海洋星球》中很难看到的画面。我始终认为观察海洋的两个最佳视角就是从高空或海底去看它，而在本书中，我们将这两个视角结合起来了。确实，多年来，我们已经对海洋造成了很多伤害，但是别自暴自弃，现在开始行动还不晚。我相信，意识能激发兴趣，而兴趣又能带来保护措施；我也相信，在我们的帮助下，海洋可以重获新生。海洋属于我们每一个人。

是时候了，该贡献力量去保护这片我们热爱的海洋了。

等待探索的世界

"自由的人，你将永远爱恋大海！"这是波德莱尔的诗《人类与海洋》的第一句，本书书名正是借用了诗名。然而，从《恶之花》出版以来，世界早已发生了翻天覆地的变化，海洋不再是那股能唤醒冒险精神的神秘力量，也不再难以驯服。我们的时代不再是航海时代，而是被航空主导；鱼仅仅成了一件件商品，和其他商品一起被陈列在超市里；未经思考，我们就将无数垃圾倾入大海；海洋几乎已被摒弃在我们城市化、快节奏的生活之外。人们长久以来不了解海洋，而如今海洋已被人们忽视。

时而骇人，时而美妙，海洋曾经既神秘又让人想入非非。对它进一步的探索——解除海洋世界的魔法——仍未完成；直到今天，人类对地球表面的了解也多过对海洋底部的了解。但在经济利益和技术进步的推动下，对深海的漠不关心以及由此导致的保护力度不足的现象可以被改善，抵达深海的困难亦能被征服。

在好几个世纪里，船只都是脆弱的。正如前人所说，水手的生与死之间只隔着几块上船的跳板。慢慢地，指南针开始得到普及，航海图的使用（尽管仍过于简略）也日益增加。15世纪，快帆船依靠它高高的船边和极易操控的船帆在航海业掀起了一场革命：它帮助哥伦布发现了美洲大陆，载着麦哲伦开启了环球航行。海洋向人类打开了大门。

印度群岛的新航路

然而，正如加斯东·巴什拉[1]所说："再多的好处也无法消除出海的巨大风险。要想直面航海的危险，就必须有强大的利益集团提供支持。"文艺复兴时期，几大强国相继吹响发现世界的号角并不只是出于科学上的好奇，更是希望开辟有利可图的贸易之路——在当时，也就是绕开被奥斯曼帝国所控制的、漫长且缺乏保障的丝绸之路。

众所周知，在一次次远征中，世界各地的征服者和商人聚敛的大量财富，大多是靠损害当地原住民的利益得来的。哥伦布更是获得了"总督"称号，在被称为他所发现的领土上，得到超过十分之一搜刮来的财富……

19世纪，探险的新黄金时代开始了。依靠显著提升的技术水平和充足的资金，人类开始觉得自己有能力统治自然界。科学探险家跑遍世界，发现未知的植物并采集标本，充满好奇心地描述他们所发现的新世界，亚历山大·冯·洪堡是他们中的代表人物。在这段时期，科学取得了惊人的飞跃，探险家功不可没：查尔斯·达尔文就是在美洲，尤其是在加拉帕戈斯群岛，找到了他的物种进化论的灵感。

▶ 鲨鱼湾：拉里登湾长长的沙滩，庇隆半岛，西澳大利亚州，澳大利亚
（南纬25°59′，东经113°44′）

鲨鱼湾，位于澳大利亚的最西边，和世界上任何一个其他的地方都不同。它的面积有25000平方公里，其中大部分表面都沉淀了一层富含氧化铁的沙子，让鲨鱼湾呈现出这种很特别的红色。

狭长的陆地、半岛和小岛将海湾与印度洋海水分隔开来；在这里，水体循环困难，限制了地貌的更新速度，使这里形成了全球独一无二的景象。

海洋覆盖了地球表面约71%的面积

地球是名副其实的"蓝色星球"，因为地表大部分面积都被海水覆盖着。南半球也被称为"海洋半球"，这里的海洋面积比北半球的大。

---

1 加斯东·巴什拉（1884—1962），法国科学哲学家、文学评论家、诗人，被认为是法国新科学认识论的奠基人。主要作品有《火的精神分析》《梦想的诗学》《空间的诗学》《烛之火》等。

加拉帕戈斯群岛由 19 座火山组成，它们在 300 万年～500 万年前才冒出太平洋海面，尽管它们的表面和月球表面很相似，蕴藏的资源却惊人丰富。这片群岛上居住着世界上最大的海鬣蜥种群和加拉帕戈斯象龟。1831 年至 1836 年，达尔文在乘坐贝格尔号航行期间到达过这片群岛，并从这次探险中获得了物种进化论的灵感。

▶ 葬身大海

根据国际劳工组织的估测，每年都有至少 24000 名渔民葬身大海，原因包括溺水、船只倾覆、火灾等。他们中的大多数是在南半球大陆近海捕鱼的渔民，乘坐的渔船都很不结实，但也不乏来自富裕国家的拥有更现代化、更坚固的渔船的渔民，由此可见出海捕鱼仍是一项很危险的活动。因此，在挪威，出海捕鱼的死亡率比在近海平台上工作的死亡率要高出 25%。总体来看，与在陆地上工作的人相比，在海上工作的人发生致命事故的可能性要高 25~30 倍。

死亡率如此之高，保障海上工作的安全和工作条件需要被放在首位。疲劳、紧张、装备的损耗、培训不到位，都会增加事故率。此外，由于在海上缺乏监管，违反劳动法的情况时有发生，强迫工人甚至童工工作的事件尤其多。

两极

只有深海和两极仍让人类的好奇心无法满足。人类首先踏上了更容易抵达的北极。好几位探险家都声称自己曾在 1908 至 1909 年之间到达北极，对这些声明的争议有很多，最终，这项荣誉落在了挪威人罗阿尔·阿蒙森和意大利人翁贝托·诺毕勒头上：他们乘坐飞艇于 1926 年 5 月 12 日飞越了北极点。而更难抵达的南极，则直到 1820 年才被西方水手们发现，这一次，仍是阿蒙森在 1911 年第一个到达。很多探险家，包括他的竞争对手罗伯特·福尔肯·斯科特及其团队，都在此处丧生了。

但今天，气候变暖带来了一些变化。大浮冰的融化让北冰洋下丰富的自然资源受到了各方觊觎，尤其是俄罗斯人，他们现在要求得到这里的大片区域。事实上，根据《联合国海洋法公约》，一个国家的领海可以一直延伸到大陆架边缘。而俄罗斯提出北冰洋的罗蒙诺索夫海岭是亚欧大陆的自然延伸。这个科学问题能在很大程度上决定最根本的地缘战略问题。2007 年末，一支由一艘核动力破冰船、一艘研究船以及两艘小型潜水艇组成的俄罗斯探险队对这块区域进行了勘测，并潜至 4200 米深的海底，将一面金属国旗插在上面，以示主权。

而南极洲则一直受到多重保护，包括 1959 年签订的国际条约和这里低至 -89℃ 的恶劣气候！然而，如果人类日后在这里勘探出了稀有资源，这样的保护也同样无法持续下去。

海底探索

19 世纪以来，海底世界变得至关重要。电信业的发展要求我们在海底布下电缆。在哪些地方布电缆则成了我们需要考虑的问题：海底地图的绘制这时就变得必要了。

皮埃尔－西蒙·德·拉普拉斯根据海浪运动的规律估算出大西洋的深度大约是 4 公里。但在当时，测深索是唯一可以用来测量海洋深度的工具：将它的一端系上重物，沉入海底，然后根据刻度线显示的数字测出海水的深度……第一根连接英法两国的电缆克服了重重困难，在 1850 年成功铺设完成。1858 年，连接爱尔兰与加拿大的第一根横跨大西洋的电缆也顺利完工，这根电缆长 4200 公里，重 7000 吨。而到了 2012 年，海底已铺设了上百万公里的光缆。

尽管已经有海底电缆铺设成功的案例，海底在很大程度上仍是未知的，因为这里的环境很恶劣：每下降 10 米，就会增加 1 个大气压，因此如何在海底呼吸是我们首先要解

决的问题。

虽说早期也有各种潜水设备（潜水钟、连体潜水服），但直到第二次世界大战结束，在雅克－伊夫·库斯托上校发明水肺之后，潜水才真正成为可能。库斯托上校看到了将水下世界展现到世人面前的重要性：通过《沉默的世界》和他的其他电影，他一直在带领大众去发现这个全新的世界。不过，用上装备后人类最多也只能下潜到几十米的深度。而潜水艇却能向更深处探寻，它的出现还要归功于军事和石油产业的双重推动。

海面下的冷战

冷战时期，大大小小、公开或未公开的事件中都有潜水艇的身影，它们曾是纳粹十分看重的工具，也是自那时起，潜水艇开始承担携带核弹的任务。此外，潜水艇的核发动机以及制取氧气的装置使它们几乎足以无限制地运行下去。为了能隐藏自己，侦察敌方军舰，海底战争触发了海底探索的二次爆发。

在这个时期，勘探潜艇经常打破潜水深度的纪录。1960 年，雅克·皮卡尔和唐·沃尔什到达了马里亚纳海沟的底部，距海平面 10916 米。出乎所有人的意料，舷窗外的海底世界并非是人们想象中的一片荒芜，他们看到了不少神奇的动物。

海图，也称"水深图"，在不断地完善。尤其是从 1903 年开始制作的名为"大洋地势图"（General Bathymetric Chart of the Oceans， 简称 GEBCO）的全球海洋地形图，这些图一般是借助船载声波定位仪的帮助绘制的。最近也有一些借助飞机的声波定位仪。通过测量海面高度的微弱变化，卫星也能推断海底的变化了。

▲ 海洋学家格雷格·斯通在一个休息站，水瓶座实验室，海螺礁，佛罗里达礁岛群，佛罗里达，美国

水瓶座平台是世界上唯一一处水下实验室。这座实验室位于佛罗里达近海，到目前为止都由美国国家海洋和大气管理局（NOAA）管理，2012 年，他们宣布终止对实验室提供资金支持。格雷格·斯通是一名海洋学家，他对世界上最大的海洋保护区之一基里巴斯凤凰群岛保护区的建立起到了关键的作用。

海底可能有 300 万件未被发现的残骸

沉没在海底的船只、战舰和飞机的残骸是一座座真正的小型博物馆。这些水下的文化遗产可以在某些海洋环境中被保存数千年。横渡大西洋的泰坦尼克号、哥伦布的探险船队以及西班牙商船就是这些残骸中最著名的例子。

◀ 北方塘鹅群（Morus bassanus），
埃尔德岛，冰岛
（北纬 63°44'，西经 22°57'）

埃尔德岛位于冰岛以南 14 公里处，是一块 70 米高的尖形礁石，这里每年都接待着世界最大的、约 4 万只的北方塘鹅群，同时也被划入了自然保护区。这群塘鹅每年一二月来到埃尔德岛筑巢，每对情侣孵化出一只幼鸟后，9 月再从这里离开飞往非洲海岸过冬。在它们长途迁徙的过程中，会遇到很多自然危险（逆风、捕食者）以及来自人类的威胁（捕猎、污染、因人类过度捕鱼造成食物匮乏）。

石油勘探

20 世纪四五十年代，一项新的技术变革加速了对海底的勘探：近海油田的开发。海底研究因此加速发展，为康麦克斯（Comex 海事技术公司，成立于 1961 年）这类开发基础研究技术的公司提供了资金支持。

机器人

尽管专家和潜水员下潜的深度越来越深，海底环境对人类来说仍是十分恶劣的。虽然康麦克斯公司在 1988 年成功将潜水员送到了 534 米深的海底，但是勘测行动仍然进行得很困难。唯一可替代的办法便是派遣机器人下海。

机器人在军事行动中越来越重要的同时，在海底勘探行动中也变得不可或缺。它们被称为 ROV（remotely operated vehicle，无人遥控潜水器），使用的频率越来越高，并多次依靠成功定位沉船地址证明了它们的价值：泰坦尼克号残骸的地址，往返于里约与巴黎之间的 AF447 号航班的黑匣子，甚至是马赛沿岸安东尼·德·圣埃克苏佩里[1] 驾驶的那架飞机的残骸。在墨西哥湾因钻井平台爆炸而造成的"深水地平线"事件中，它们还被用来解决石油泄漏的问题。

未来，这类机器人无疑将在深海探测以及海底开发中占据重要地位。因为海底不仅蕴藏着丰富的碳氢化合物资源，同时也储藏着钻石和稀有金属等。当这些资源能否被开采出来还是未知数时，就已经有无数公司虎视眈眈。环境学家们对此保持密切关注，因为这类开采活动有可能对环境产生极为严重的后果。

▶ 吸盘会发光的章鱼
（十字蛸 Stauroteuthis syrtensis）

十字蛸起源于表层海水：在向深海迁移的过程中，它们进化出了让吸盘发光以吸引猎物的能力，而吸盘的吸附功能则退化了。在一簇生活在 2000 米深的海底珊瑚枝上，人们发现了这种章鱼的卵。

几乎无法居住的海底

今后，技术手段和经济利益将结合在一起，用于改造这块地球上唯一一块还未被人类开发的土地，尽管很可能要以破坏环境为代价。

即便如此，海洋仍是一个环境极为恶劣的世界。虽然库斯托上校和几位建筑学家一起，耗费一生的时间，尝试实现人类在海底居住；虽然在水下生活的愿望始终激发着人们寻找新亚特兰蒂斯的梦想，但这个目标离实现还有很长的路要走。而且，只要陆地表面还有一丝可居住性，只要人类还没有将地表破坏干净，人类永久移居到海洋都几乎是不可能的。

全世界有超过 7000 个石油钻井平台

石油钻井平台遍布全世界各个海域，满足了全球 25%～30% 的碳氢化合物的需求。它们或浮在海面，或锚定在海底，使用寿命从 20 年到 30 年不等。这种结构是很不坚固的，在墨西哥湾发生的"深水地平线"悲剧就是明证。

---

1 安东尼·德·圣埃克苏佩里（1900—1944），法国作家、飞行员，一生喜欢冒险和自由。他的作品有《小王子》《夜航》《人类的大地》等。1944 年他在一次飞行任务中失踪。

深海 没有光的生活

深海的环境十分恶劣。然而，世界上几乎所有门类的生物都能在这里找到，各个物种进化出了新的技巧来适应这里的环境。在 200 米以下的深海区域，海洋进入了弱光层，在这里光线已经很难进入；而到了 1000 米，就是一个一片黑暗的世界了。缺少光照，光合作用就无法进行；没有光线，居住在海底的动物也无法再依靠视觉移动、进食或繁殖。于是包括细菌、水母、被囊类、头足纲甚至鱼类等诸多种类学会了利用生物发光，自己创造光亮。而且它们发光器官的多样性决定了光的多重功能——从简单的照明到充当捕食的诱饵。被称为"灯笼鱼"或"垂钓鱼"的深海鮟鱇（Melanocetus johnsonii）就属于这类生物，在它的嘴前吊着一个可以摆动的发光诱饵。诱饵的光亮是由共生细菌产生的，这些光亮也可用于交流，或在遇到捕食者时起到伪装和自我保护的作用：在弱光层，动物们会使自己的下表面发光，以便能将自己和从海面射下的光线融为一体。

除了热液喷口，食物的主要来源并不是海底，而是海面。因此深海的食物很少，在这里生活的动物需要培养一些技巧来适应食物的匮乏。角高体金眼鲷（Anoplogaster cornuta）拥有在动物界同等体型的动物中最大的牙齿，它的下颌骨动作非同寻常地敏捷，让它不会错过从面前经过的本就稀少的任何猎物。

居住在海底的生物还要忍受海底低温，这里的温度基本维持在 2~4℃。但是海底的温度变化比它的低温更让人惊讶。在海底热泉黑烟喷口附近，水温可以达到 350℃，但就在距离喷口几米外的地方，水温却只有 2℃。不同品种的生物根据它们对高温的耐受能力或近或远地散布在热泉周围。在温度最高的区域聚集着各种细菌，它们紧挨着热泉的出口：这样的生物被称为"超嗜热菌"或"极端微生物"。

此外，海底生物还要面临可怕的压强：在 1 万米的深海，水压强将达到 1 吨每平方厘米！细菌们通过改变细胞膜的成分来适应和抵抗如此高的压强。而深海鱼们则抛弃了自己的鱼鳔（这是充满空气的小器官，用来保证硬骨鱼的平衡），它们的浮力依靠比水轻的凝胶状组织和器官来调节：它们不会被水中的高压压扁。所以说，尽管深海的环境很恶劣，这里却并不是一片荒芜，甚至还庇护着更多人类暂不了解的生物。

专 访

探索深海

达尼埃尔·德布吕耶尔（DANIEL DESBRUYERES）

达尼埃尔·德布吕耶尔是前法国海洋开发研究院深海生态系统研究部部长。他领导了很多次海洋载人潜艇勘测任务[包括西亚娜号（Cyana）和鹦鹉螺号（Nautile）]，目标是研究东太平洋、西太平洋以及大西洋与亚速尔群岛西南之间海域的深海热泉。他一共参加了27次海底1000米以下的潜艇勘测行动。

您是深海探索的先驱之一。作为首批发现这个生态系统的人，您有哪些感受？

作为少数可以潜入深海的人之一，我感到幸运。不管从哪个角度来看，我当时都处在一个"气泡"里。在那些特别的时刻，能够保持头脑清醒非常重要，因为我们会看到很多令人惊叹之物，瞪大眼睛，就会忘记潜水的目的！在这些年里，我有幸乘坐了法国西亚娜号和鹦鹉螺号，以及美国的阿尔文号（Alvin）潜艇。我还有幸用上了无人遥控潜水器，它几乎可以完全还原潜水的感觉，只有一点不同：在用它潜水时，我们还可以出去喝一杯热巧克力。

深海潜水改变了什么吗？

在20世纪70年代初期，我们的工作就是对从海底捕捞上来的物种进行描述。我们在什么也看不见的情况下，用捞网和拖网的方式捕鱼，用这样的方法描述新的多样性。接着，在1977年，一个美国团队非常幸运地首次发现了深海热泉。所有之前我们关于深海区域的猜测都要重新接受质疑：生命是可以在海底繁殖的。然而这还只是这段漫长而美妙的科学探险的一个开始。

"这是一场真正的革命：一个不利用光合作用就能够生存下去的生态系统！"

为什么说深海绿洲——海底热泉的发现是一场革命？

我们从19世纪开始就知道海底是有生命存在的。1950年，加拉蒂亚号的探险让我们知道在11000米深的马里亚纳海沟有生命存在。但是对人类来说，"越往海洋深处去，生命就越少"的想法已经根深蒂固。会有这样的想法，是因为我们认为深海的食物都来自海洋表面，所以离海平面越远的地方食物就越少。当时，在人类的想象中，深海几乎是不毛之地，只散布着零星几个动物。后来，在对食肉动物和食腐动物进行研究的过程中，研究人员观察到食物一旦进入到深海，生命就会疯狂生长。在20世纪60年代

中期，我们发现放置在海底的诱饵不到24小时就被抢光了，这证明海底的生物量是很庞大的。紧接着，1977年，深海热泉被发现。依靠深海热泉，丰富的生态系统得以摆脱海面的桎梏，藏匿在海底。在海平面，植物利用光合作用吸收阳光产生能量让自己生长。而在深海没有阳光，生物要借助所谓"化学合成"的步骤来实现自我生长。这些海底生态系统中的微生物则可以利用热泉产生的化合物制造有机物。正如我们可以通过烧煤来获得能量一样，它们也可以通过燃烧这些化合物来获得能量。

这是一场真正的革命：一个不利用光合作用就能够生存下去的生态系统！

3年之后，我们发现这种现象不单单只发生在海脊和热泉附近，同时也发生在大陆边缘的冷渗口附近。

这种化学合成是否就是海底生命繁多的秘密？

其实有两个秘密。第一个秘密，是在这些生态系统中，这些能进行化学合成的微生物就相当于其他生态系统中的植物，也就是说它们就是整条食物链的基础。第二个秘密是在研究一条巨型管虫（Riftia pachyptila）的时候显现出来的。这种没有消化道的虫没有办法咽下化学合成的细菌。然而它却广泛分布在热泉周围。事实上，这种虫自身的组织内部就生长着化学合成的细菌：它和一些微生物共生。后来，人们在大部分生活在热泉附近的动物身上都观察到这种现象。这类共生的效率极高，促进了各种动物的诞生。能观察到这么多动物生活在温度这么极端、这么黑暗、压强这么大甚至放射性这么强的环境里，真让人惊喜。

我们能否找到这些发现与地球生命之间的联系？

这是一个充满争议的话题！在最初的阶段，部分美国研究者断言海底热泉可以用来解释生命的起源。但是之后事情开始变得更复杂，争论一直存在，很难确定答案，因为生命起源这个领域充斥着各种不科学的甚至伪科学的认知。我们现在能确定的是，在这些生态系统中，一些可以被看作是益生菌的分子是被合成的。

也就是说它们砌上了生物界的第一块砖。这种现象在那些含氢量和含甲烷量很高的环境最为明显，这也是最接近原始时期的环境。但我们离弄懂细胞的形成还有很远的距离。

这些原始分子是否能作为人类未来的分子被储存起来？

我们应该认真地对待这个问题，我坚信这些化合物或者它们的衍生物已经或将要给我们带来些什么，但是从目前来看，奇迹并不存在。不过海底的生物组成成分确实拥有一些可以应用在生物技术中的特性。比如，基因修复机制就经常用于癌症领域的研究中。

随着海底探测的进步，我们是否仍能说我们对海底的认识要比对月球的少？

我有点不知道该如何回答。如果我们拿已经探索过的面积和海底的总面积相比，那么，确实，我们的了解还只是区区几千分之一。但我认为，我们现在已经对那些决定海底生命的重大现象有一个比较具体的概念了，当然，除非以后还有意料之外的重大发现！如果说海洋里还有哪个区域是几乎没被勘探到的，那就是远离陆地的海洋中央。这块区域的勘探需要用到很复杂的技术，因为我们将在那里遇到一些大型凝胶状动物，而它们很脆弱。在那里，或许仍有许多等待人类发现的东西。

"今天的探险家和前辈们很像，遇到的问题也一样。"

探险家，从这个词的历史词义来看，现在还存在吗？

存在！探险和探险家始终都存在，海洋很适合他们。而且今天的探险家和前辈们很像，遇到的问题也一样。不管是在19世纪、20世纪初还是今天，主要的困难都是且仍是说服众人，并筹集到所需资金：大型探险总是离不开金钱与科技发展的支持。然而，不管是现在还是过去，大众都热衷于冒险，而一些机构却态度谨慎。这样的冒险很少能得到科学界的支持。

正是如此，很多人将海底世界看作是一个黄金国。您对于海底资源的竞争持什么看法？海底世界是否会因此遭到威胁？

这是一个很大的话题，而且需要考虑到几类不同的资源：矿物资源、能源以及生物资源。尝试开发这片广阔的土地是很正常的，但是要注意开发的度，确保可持续性发展。在专属经济区，各国有权要求各方在他们的领海范围内遵守相关规章制度。目前，大部分渔业资源、石油资源及天然气资源都是在这些区域内开采出的。这种方式虽不能解决全部问题，但至少有负责人。然而如果我们拿法国作为例子，它拥有1100万平方公里的海域面积。当局做了什么来了解和保护这些资源呢？现在开发力度主要集中在矿石上，所有人都想争夺矿石资源，尤其是在热泉附近找到的多金属硫化矿。这些矿石的价格紧跟石油价格，对其勘探也越来越多。除此之外还有石油、天然气和笼型化合物，以及固态甲烷。

您关于探险的最美的回忆是什么？

有一次印象特别深的经历：有次在阿尔文号，任务快要结束时，海面上的队员想要喊我们上去，在海底的我们心里却只有一个念头，就是要留在下面。但我们当时已经开始出现头痛的症状了，于是就决定离开热泉，抛放潜艇压载物。突然，我看到一片约几百平方米的粉红色凝胶状动物——一群水母。我之前没见过这种神奇的动物，它们周身泛着光，看起来就像在高温中出现的海市蜃楼一样。它们的颜色以及它们在海水中游动的身姿，营造出了一个梦幻般的世界。

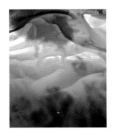

圣灵岛的沿海沙洲，圣灵群岛，昆士兰州，澳大利亚
（南纬20°15'，东经149°01'）

就像怀特黑文海滩一样，圣灵岛沿海的特色就是几乎全部由纯石英形成的洁白沙滩。这个地方是大堡礁海洋公园的一部分，每年的游客量超过200万人次。在严格的管理下，旅游业对这个敏感的地方只造成了微弱的影响，然而来自陆地的污染和棘冠海星的入侵在过去30年里破坏了这里近20%的珊瑚礁。

鲸鲨（Rhincodon typus），墨西哥

鲸鲨被认为是地球上最大的鱼类。这个庞然大物长可达20米，重10多吨，但不伤人。就像鲸一样，它也习惯一边在海面缓慢地前行，一边张着它宽达2米的嘴，平静地吞食浮游生物和小型鱼类。鲸鲨一般生活在温带或热带海洋，研究者很容易通过它背部的网状图案识别每个个体。鲸鲨的寿命可以超过100岁。

达卡地区的渔网，孟加拉国
（北纬23°43'，东经90°20'）

孟加拉国江河纵横，湖泊、池塘、三角洲、自然洼地众多，所以适合捕鱼和水产养殖的水域面积很大，现在水产养殖业正处在快速发展的状态。在全世界的水产养殖产量中孟加拉国排第六，在淡水养殖中排第二。孟加拉国大约有1400万人从事渔业工作，其中又以自给自足性质的捕鱼和季节性捕鱼最为常见，还有300万人从事水产养殖业工作。

伊帕内玛沙滩，里约热内卢，巴西
（南纬22°59'，西经43°12'）

里约这座城市拥有36000米长的沙滩，其中最有名的就是科帕卡瓦纳和伊帕内玛沙滩。对里约人来说，这里就是他们的最佳社交场，他们常在下班后或是休息日约在这里见面。巴西的人口已经从1990年的1.5亿增加到了2011年的2亿。与此同时巴西经济也快速增长，已成为世界第六大经济体。

照耀着红树林的阳光，伯利兹

在红树林这个繁茂的生态系统中，最具代表性的物种就是红树。为了能在这个满是淤泥的盐水环境中生存下去，这种树拥有错综复杂的气根，让它既能扎根在土壤，又能从缺氧的黏稠淤泥之外吸收氧气。部分红树长有出水通气根，这是一种垂直向地上生长的根，可以保证它们的呼吸。为了繁殖，红树撒下已经发芽的幼苗，将它们种在淤泥里。

跃出海面的鬼蝠鲼（Manta birostris），墨西哥

鬼蝠鲼也被称作"魔鬼鱼"，它的名字来源于西班牙语里的manta这个词，意思是"毯子"。它们的翼展长度惊人，可以达到3~6米，是最大的一种鳐鱼。它们三五成群地生活在热带海洋地区，尤其是珊瑚礁附近，因为它们可以在这里找到用来饱腹的浮游生物和小型鱼类。鬼蝠鲼很少被捕捞，对一些国家来说鬼蝠鲼是一张吸引游客的名片，人们可以在潜水时得到它们的陪伴。鬼蝠鲼游动起来时，它的鳍大幅摆动着，让人觉得它是在水中"飞翔"，有时它还会跳出海面。到目前为止，科学家们还没有为这个行为找到一个合理的解释，我们猜测这有可能是一种求偶的形式。

佩莱斯特里纳渔村，威尼斯潟湖，威尼托大区，意大利
（北纬45°15'，东经12°18'）

滨外滩、组成佩莱斯特里纳岛的一串岛屿及其小渔村将威尼斯潟湖与亚得里亚海分隔开来。正如其他所有潟湖一样，威尼斯潟湖也处在淡水与盐水之间的脆弱平衡里：将它与大海隔开的滨外滩一共只有三个通道。威尼斯是一座历史古城，由118座小岛组成，距今已有1400年的历史。

豹海豹（Hydrurga leptonyx），南极洲

照片中的动物看起来面带微笑，然而满口捕食性动物牙齿、满身豹纹毛的豹海豹，其实和它的名字很相配。这种动物除了吃浮游生物和鱼类，也吃小海豹，同时还是极地企鹅的噩梦。然而它自己也是虎鲸和鲨鱼最喜爱的猎物之一。由于这种生活在南极冰水中的生物在水中的活动要比在冰面上自如，它有时也被称为"海中猎豹"。

乌鲁鲁，澳大利亚北部
（南纬 25°20' 40.82''，东经 131°1'
49.07''）

乌鲁鲁，海拔348米，又称艾尔斯巨石，这是一块位于澳大利亚沙漠的砂岩。这块被列入联合国教科文组织世界遗产名录的巨石，是当地土著人心中的圣地，他们禁止外来游客在此景点内的部分区域拍照。这块岩石和地面上很多其他地质结构一样，也是由海洋沉积物组成，先在板块运动的作用下隆起，再因风蚀而变得坑坑洼洼。

红树林中的礁石乌贼幼仔
（Sepioteuthis lessoniana），伯利兹

乌贼，和章鱼一样，是有着高度智慧的无脊椎动物，会通过展开群体性的密切合作来围捕鱼群。但是在成为这种长触手的贪婪捕食者之前，年幼的乌贼要先在隐蔽处靠浮游生物养活自己。因此，红树林就成了无数海洋生物的培育室，这里风平浪静，它们能在这片生命的绿洲里找到活下去所需的养分。

湾鳄（Crocodylus porosus），
海盗群岛，西澳大利亚州，澳大利亚
（南纬 16°16'，东经 123°45'）

湾鳄是位于澳大利亚西北部的海盗群岛上的常客，这种可怕的食肉动物在淡水水域出生。当它们被成年雄性湾鳄追捕的时候，为了能生存下去，就会向含盐量更高的水域迁徙，这一点在爬行类动物里是比较罕见的，这是因为它们体内的盐分能够通过腺体排出体外。虽然人类对它们的皮需求量很大，但它们的生存状况却非常好，澳大利亚通过野生栖息地和养殖场两种方式对它们进行保护。

美洲鳄（Crocodylus acutus），
墨西哥

长2~4米，重约500千克的美洲鳄是世界上最大的鳄鱼之一。顾名思义，土生土长的美洲鳄生活在佛罗里达以南到南美洲北部之间的区域。它们偏好淡水水域，但也能忍受三角洲或红树林这样的含盐量稍高的水域，因此通常生活在海岸区域。美洲鳄主要靠捕食鱼类为生，但它们同时也拖拽、袭击接近它们的一切猎物。

班宜村，攀牙湾，泰国
（北纬 8°20'，东经 98°30'）

攀牙湾于1981年成为海洋公园，庇护着两个世纪以前由马来西亚的穆斯林渔民建立在桩基上的班宜村。此后，除了打鱼这项传统活动，旅游业也开始发展起来。泰国西南沿海的安达曼海有一串海湾，紧挨着大量岛屿，其中就有旅游胜地普吉岛。2011年，泰国共接待了1910万名外国游客，几乎是10年前的3倍。

穿梭在浅海橙色海笔（Ptilosarcus
gurneyi）之间的绿青鳕（Pollachius
virens），菲奥德兰国家公园，新西兰

海笔看起来像是颜色古怪的羽毛，但其实是一种动物。它们和水母同属一个门，用脚将自己固定在地面上。它们的触手看着上去很美，但却是非常可怕的捕食器，浮游生物、海虫、甚至是螃蟹和鱼都无法逃脱。虽然图中的海水颜色很深，但并不是因为这里是深海，而是雨水与河水大量涌入海中造成的。含盐量的差异使深海海水与地表海水被完全分隔开了。

赫特潟湖：盐湖与海藻养殖，格雷戈里，西澳大利亚州，澳大利亚
（南纬 28°10'，东经 114°15'）

赫特潟湖，位于澳大利亚一个干旱的大区，沿着澳大利亚北部海岸伸展，长1400米，宽2米。它之所以呈现出红色是因为湖中生长着很多名为盐泽杜氏藻（Dunaliella salina）的微藻。这种藻类在淡水中呈绿色，而随着含盐量的升高，它的颜色会变为粉红色或是红色。人们通过养殖这种藻类来提取胡萝卜素，再将它加工成颜料，这种色素通常被用作食用色素。

捕海豹的船，圣洛朗海湾，加拿大

2012年的春天，加拿大政府批准了在格陵兰岛猎杀40万头海豹的配额，而为了确保对这个数量正在减少的物种进行合理的控制，他们自己的研究机构提议将数量限制在30万以内。然而，同年年初，俄罗斯，作为加拿大海豹的主要销售市场，决定禁止格陵兰岛海豹皮的进出口。

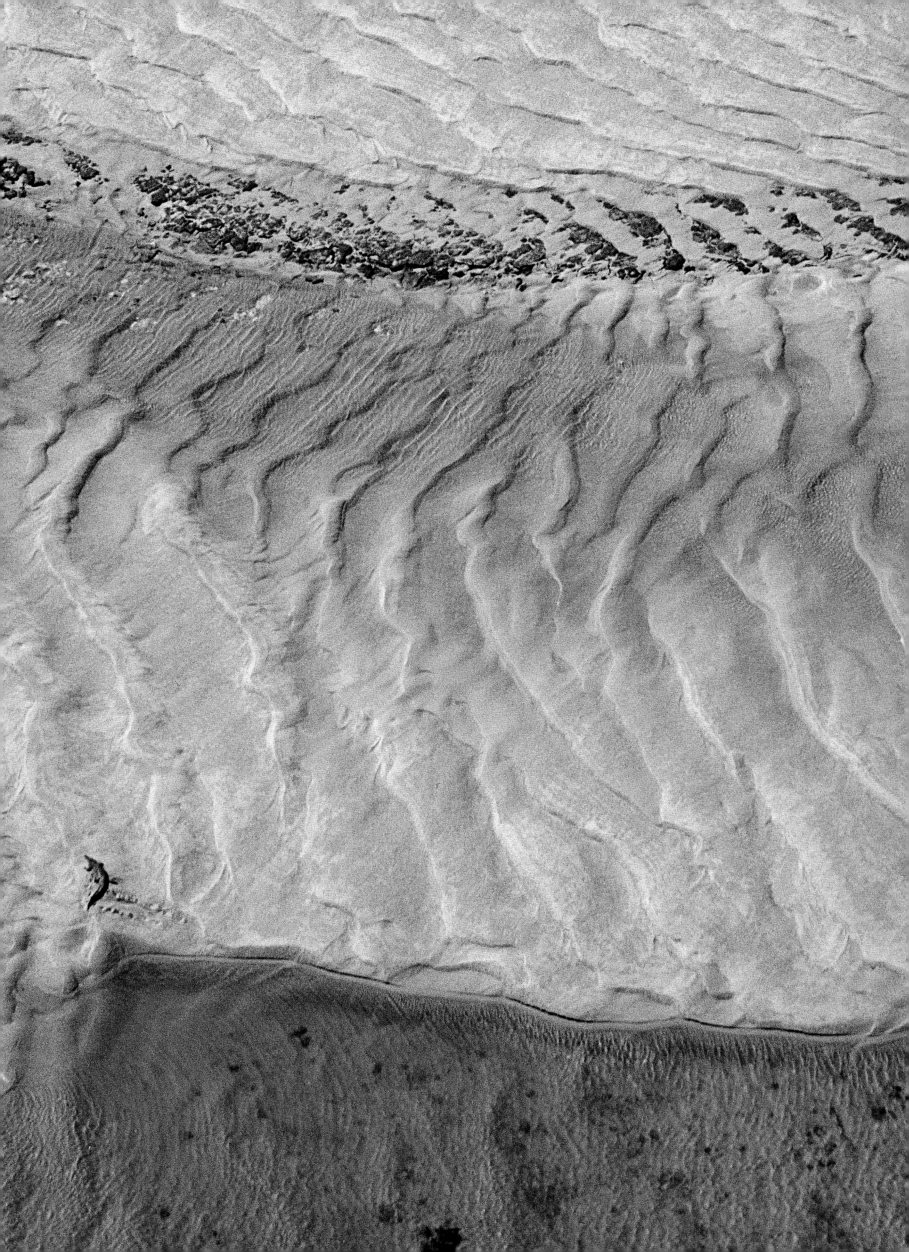

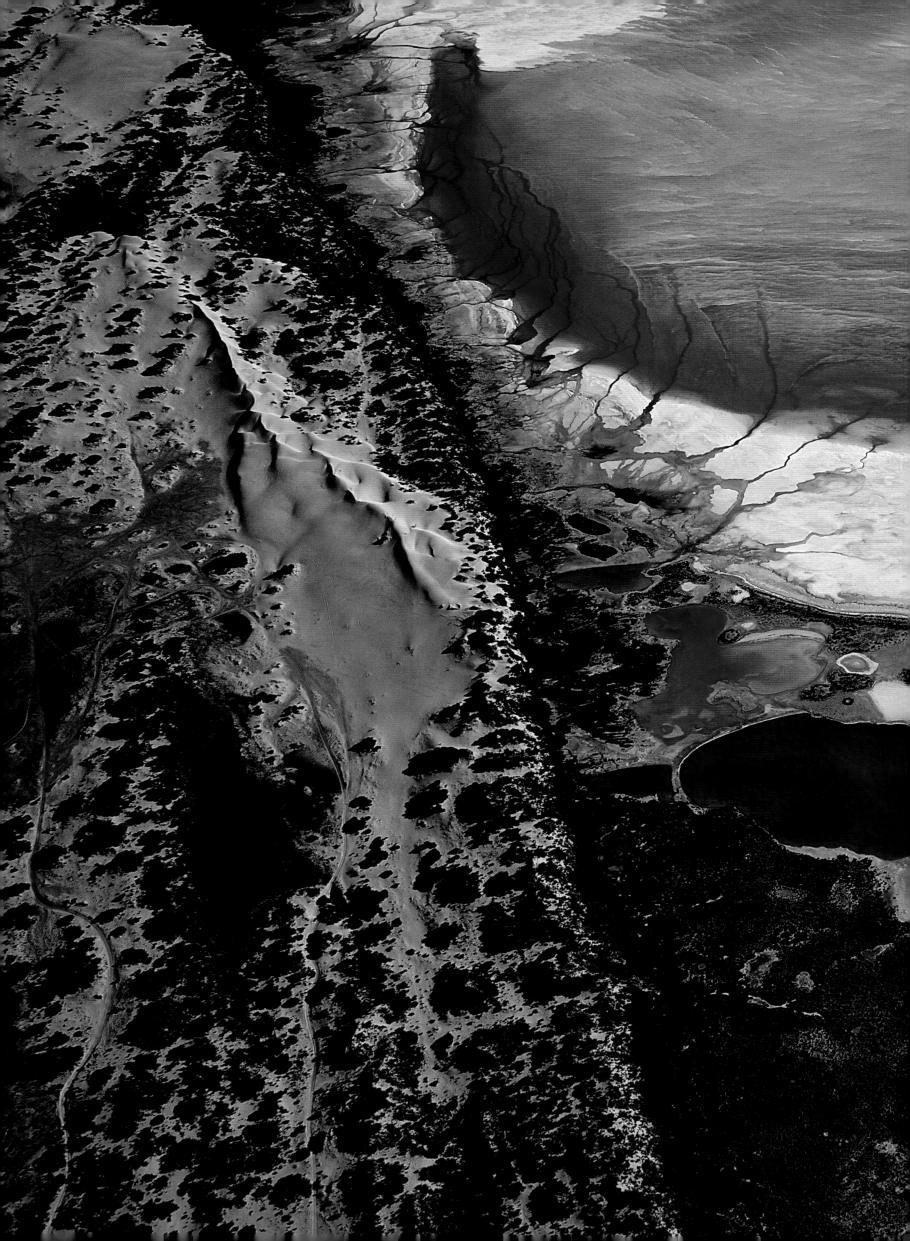

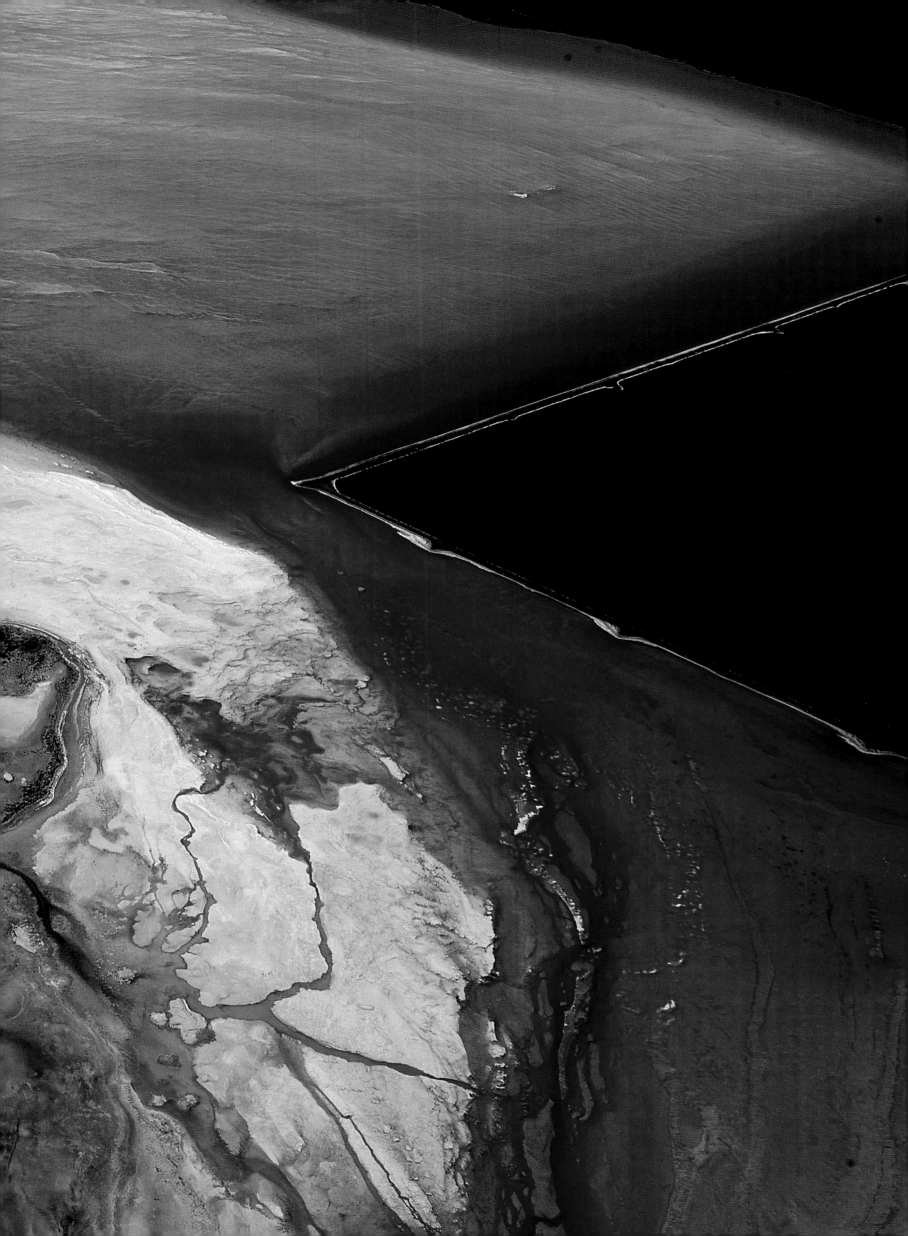

海洋的基本运动

长浪、波浪、洋流、潮汐……地球的气候，以及居住在地球上的生命，都是在永不停息的海洋运动中诞生的。只有一部分水体运动是在海洋表面可见的。更重要的涌动都深藏在海底，距离之远、规模之大，超乎人的想象。

在海洋表面，海水的运动主要由风的力量决定，归根结底，受到的是地球光照的制约。运动的方向则是受到地势及由地球自转产生的科里奥利力的影响。又因为洋流是受风的影响的，所以这些洋流的方向和强度也会根据季节的变化甚至时辰的变化而变化。

厄尔尼诺

气团与洋流之间有着紧密的联系，厄尔尼诺现象就是一个很好的例子。东西太平洋之间气压差异的周期性变化被称为 ENSO 循环（厄尔尼诺—南方涛动）：当太平洋中央的复活岛上空的反气旋减弱，地面风场会减速，甚至改变运动的方向；海面洋流也随之失去动力，因而发生变化。在厄尔尼诺现象产生的结果中，最重要的就是一支南美海岸洋流的出现，使南美洲的生态系统和当地气候都受到困扰。这种现象平均每 10 年出现 2~3 次，我们尚不完全了解其成因。

海面洋流与深海洋流关系密切。但是深海洋流不受或者说极少受到风的影响。事实上，正如其名所示，深海洋流发生在距离海平面几百米远的深海区域。因此，深海洋流要更加稳定、持久。它们的动力来自不同水体之间的温度差异和含盐量差异，因为在海洋看似统一的外表下，实际上潜藏着带有各自发源地的特质、在永恒运动着的不同水体。由于持续的高温和蒸发作用，热带地区的海水温热、含盐量高。相反的，由于含有大量从冰封大陆融化的淡水，南极的海水温度低、含盐量也低。这些水团一个个形成、运动，再在环绕地球运动的过程中被稀释，整个过程需要 500~1000 年。

深海的主要洋流形成了一个被称为"温盐环流"的闭合环流，在海洋生命中占有重要地位。整个过程开始于热带海域，信风推动在太阳的照射下升温的海水流向北大西洋。北大西洋暖流和墨西哥湾暖流以两大洋流的形式出现，海水的流量在佛罗里达附近海域可以达到 3000 万立方米每秒。在到达格陵兰岛、挪威、爱尔兰或是拉布拉多海域后，海面水流与来自北冰洋的干冷空气相遇，温度逐渐下降。

温度降下来以后，海水的密度增大，在自身重力的作用下下沉到深海。与此同时，还会以每秒 1500 万到 2000 万立方米的流量向南运动。大量含氧量高的表层海水来到海底，给海洋底层的海水重新注入氧气。它们持续向南下沉直到遇上南极绕极流，此时这些海水已成为深海海水，南极绕极流会将它们重新带到印度洋与太平洋。

▶ **乌贼，鄂霍次克海，罗臼町，北海道，日本**

在"乌贼"这个名目下一共有 300 多个种类，从人类食用的最常见的乌贼，到被抹香鲸猎食、在《海底两万里》中让读者浮想联翩的神秘的巨乌贼。科学界从很早以前就开始对乌贼产生兴趣了，它们的高智商让研究者着迷。在 20 世纪 50 年代，乌贼的巨大神经轴突实验解释了神经是如何通过电流传递信息的。乌贼也是海洋污染情况的指示器：科学家们利用乌贼来研究重金属等污染物的影响，并将这些污染物在食物链中的走向记录下来。

1997 至 1998 年厄尔尼诺现象造成了 5 万人死亡

灾害事件可以列一张长长的清单：洪都拉斯和尼加拉瓜的米奇（Mitch）飓风造成了 1.7 万人死亡，让 300 万人无家可归；委内瑞拉洪水造成死亡人数达到 3 万；印度尼西亚的干旱和森林火灾；佛罗里达州风速高达每小时 400 多公里的龙卷风；美国的洪水和创历史纪录的暴风雪……从经济方面来看，根据联合国的评估，厄尔尼诺给人类造成的损失可能在 300 亿到 960 亿美元之间。

◀ 肯尼亚，罗伊塔山上的暴风雨
（北纬 1°50'，东经 35°80'）

肯尼亚降雨极不规律，4月直到6月是漫长的雨季，11月到12月中旬则是下短暂阵雨的季节。这里的雨大多很猛烈，并伴随着十分震撼的风暴，就像照片中罗伊塔山上的这场一样，令人惊骇的雨柱从天而降，与地相连。然而肯尼亚也常年遭受干旱，是非洲最饱受干旱困扰的8个国家之一，最近几年尤为严峻。海洋与大气之间的温度和水分的相互作用对气候起到了决定性的影响。

之后，这些海水会再次向北流动和上升。在与热带海水混合之后，来自深海的海水重新回到海洋表面，然后通过合恩角和好望角回到大西洋，闭合环流的一圈就结束了。接下来又是新一轮的环球运动。

这些洋流对各区层海水的融合起到了至关重要的作用，也影响着海洋的生物地球化学循环。此外，它们形成的"传送带"能有效地传送移栖物种或无法自行移动的物种，比如微藻和水母。表面洋流还能将受精卵和幼体都分散开来，确保物种的延续与传播。

每秒 1.5 亿立方米

这是南极绕极流的水流量，相当于全世界所有河流总流量的150倍！南极绕极流是世界上最强劲的洋流。绕着南极洲从西向东流动，水手们都对它很熟悉，通常叫它"西风漂流"。

上升流

洋流同时也以另一种方式对海洋生物的生存与延续做出了贡献。每当浮游生物或是其他海洋生物死去，它们的尸体就会沉入海底，被分解成营养物。这也是为什么深海海水会富含生命所需的基本矿物元素。当这些营养物再次上升到海洋表面——这个现象被称为上升流——会补足氧气，并得到阳光的照射。这时，海水的条件达到了浮游植物生长所需的最佳条件，浮游生物会迅速繁殖，形成水华现象。

于是成千上万的植物微生物出现了。这些生物从大小到形状都非常多样化。例如硅藻纲，就有个由二氧化硅组成的轻薄圆壳，能帮助它更好地漂浮。为了加大浮力，其他种类，比如角藻属沟鞭藻，就在体外长出了角状物，还有另一些种类则通过聚集在一起来增加浮力。

水华现象起到了关键的作用，因为浮游植物是几乎所有海洋生态系统的食物链中的第一链：浮游动物、小甲壳动物、滤食性贝类、海虫、小鱼……这些生物都以浮游植物为食。浮游植物的数量对其他各个营养层次的物种，包括人类这种高营养层级的捕食者，都非常重要。

因此，海洋资源与洋流有着直接联系，产量最高的渔场都在那些经常受到深层海水上涌补给的区域。所以尤其是在智利、秘鲁和厄瓜多尔沿海一带，从南边吹来的风驱赶表层的温热海水，帮助深层海水上涌，助长了浮游生物肆无忌惮地繁殖，使得南美洲西海岸成为世界上鱼群最多的区域之一：用全世界不到1%的海洋面积，该上升流区域提供了全世界15%~20%的捕鱼量，也就是说智利和秘鲁每年的捕鱼量加起来一共有2000万吨，世界范围内捕获数量最多的鱼类就是秘鲁鳀鱼，仅这一个物种就占了世界全年捕鱼量的10%。

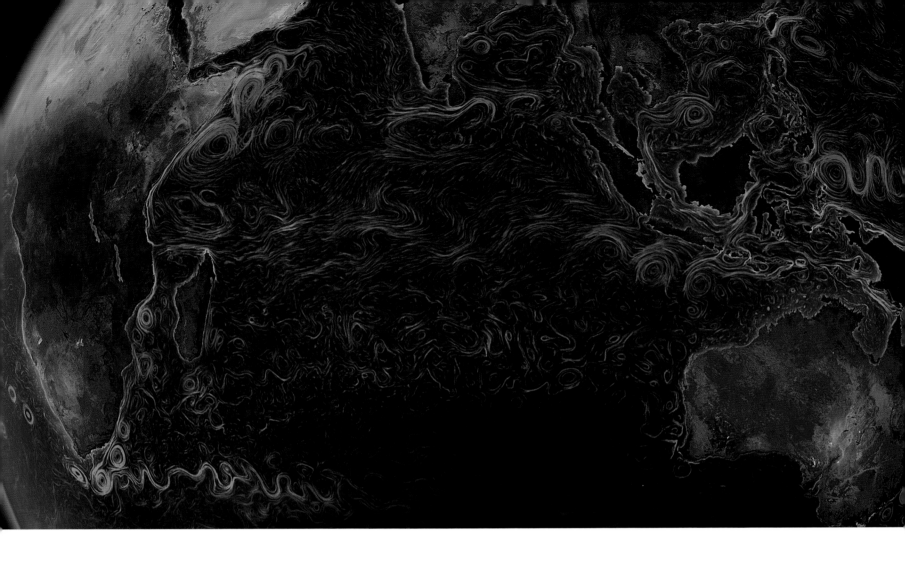

在厄尔尼诺现象发生的时候，我们深切地感受到海水的上升取决于洋流。这种大规模的气候反常会对渔业产生直接威胁。在厄尔尼诺暖流的影响下，鱼类会远离海岸，渔业资源急速下降，渔民的活动因此遭受毁灭性的打击。

海洋与气候

全球海洋运动控制的不仅是营养物的动力学，也创造了海洋与大气间的相互作用，气候就是这样形成的。海洋运动的巨大热容量让大海能够承载大量的热量，然后再将热量散发出去，延缓气候变化。其中最有名的一个例子就是墨西哥湾暖流对欧洲气候的影响：它在向北上升的过程中，逐渐靠近欧洲海岸，被这股暖流加热的西风温暖了这片古老大陆的冬天。因为它，欧洲的冬天与和它在同一纬度的北美洲东海岸比起来要温暖许多。我们会发现巴黎的冬天要比蒙特利尔的冬天暖10℃，有时甚至更多，而事实上，法国首都比魁北克的这座大都市的位置更靠北。

海洋表面同时也是海洋与大气相互作用的最佳场所。海洋可以吸收大气中的二氧化碳，并限制它的积聚：由于大气与海洋之间存在压强差，所以二氧化碳能够被海洋表面自动吸收。这种纯物理性的吸收在低温海水中达到最大化，而温水则会释放一部分积聚的碳。

除物理泵之外，还有"生物泵"，其中主要的成分就是浮游植物。和陆生植物一样，浮游植物也可通过光合作用吸收二氧化碳，产生氧气。藻类、以浮游植物为生的所有生物及其所产生的废物，都是含碳量很高的有机物，都会沉积到海底。每年被海洋吸收的碳元素净含量高达22亿吨。

只有小部分的碳会形成矿物质，被保存在海底沉积物里。实际上90%的碳都参与了海面的再循环过程。而在那沉积到深海的10%碳中，仅有1%最终以矿物质的形式被储存下来。但海洋仍然被视为地球上最大的碳汇，因为它能吸收大气中近1/3的二氧化碳。与此同时，浮游植物产生的氧气也会扩散到大气里。与固有观念不同，森林并不是地球

▲ 印度洋表层洋流的复原图

这份由美国国家航空航天局（NASA）发布的洋流复原图，是以能看到冰川和海洋运动的卫星数据为基础绘制而成的。这份文献只显示出了表层洋流，也就是以风为主要动力的洋流。在这张图上，非洲南部看来是洋流尤为集中的区域：阿古拉斯洋流沿着南非的东海岸线一路向下运动，接着一分为二，一部分印度洋海水被载往大西洋，另一部分则在绕极流的裹挟下重新回到印度洋。

51

的肺部，海洋才是地球上最大的氧气储藏罐，同时也是氧气最主要的生产源，人类吸入的 50%~70% 的氧气都是由海洋生产的。

蓝色能量

海洋运载着巨大的能量。虽然我们已经研究了这种能量对生态和气候产生的影响，但是当我们了解到海洋的潜在能量估计约为 12 万太瓦时每年，也就是超过全球年用电量（1.8 万太瓦时）的 6 倍多时，我们就会发现还有太多未被开发利用的部分。

获取这种能量的技术手段有好几种，但尚无一种已做到大范围应用。比如潮汐能，利用的是涨潮和落潮：每天 2~4 次，海水涌入水坝，通过涡轮通道带动涡轮运转，产生电能；从世界范围来看，生产潜力是 2.2 万太瓦时。一些生产潮汐能的电厂已经投入使用，尤其是在法国。朗斯潮汐电站每年能生产 540 太瓦时的电量，相当于雷恩整座城市的用电量。水力发电的潜力同样大：水力发电机和风力发电机的原理类似，但利用的是洋流的能量。目前有好几个项目已经建成，还有另一些项目正在筹备中，这些项目主要集中在英国以及美国纽约的东河和哈德孙河口。其他的蓝色能量尚在研究中，例如利用长浪与浪潮的波动能，或是利用热带地区表层海水与深层海水之间的温差的海洋热能，都有巨大的潜力。能源问题十分重要，而将这些能源利用起来，前景不可估量。

基因组学

从 20 世纪 90 年代开始，分子生物学——一项以基因研究为基础的技术，就彻底革新了我们对海洋微生物多样性的看法。例如，硅藻纲这种浮游植物中的主要生物，它们的分类是基于二氧化硅外壳上形成的图案。不少微生物都很难将单个的个体分离出来，更不可能在实验室进行培育了。遗传学让我们可以通过它们的基因来识别它们，弄清它们是未知的新物种，之前未获取过基因的物种，还是已经识别出来的物种。通过这种方法，我们甚至发现了一纲完整的浮游生物——超微浮游生物，其大小在 0.2~2 微米之间。为了能更好地了解这些生物，发现可用在工业上的新的药品和分子，我们利用最先进的遗传学技术，也就是我们说的"基因组学"，开始对浮游生物庞大且更新迅速的 DNA 序列进行研究。

▶ 角藻属沟鞭藻

沟鞭藻是最具代表性的浮游植物，共有约 2000 种。这种微生物仅由一个细胞和一个纤维素硬壳组成。正如其名所示，它的身上长着一根长丝，是它的鞭毛，用来帮助它移动。其中一部分能和其他生物共生。图中是虫黄藻，这是一种和珊瑚虫共生在一起的藻类。

浮游植物 我们总是离不开比自己小的生物

浮游生物包括所有在水中漂浮的小生物。尽管这些生物是可以移动的，但它们却无法抵御水流的力量，只能顺水漂流。因此，比起根据一个特殊的生物族群来定义浮游生物，不如根据它的生态位来定义它（浮游生物包括的生物种类非常多）。浮游植物与浮游动物不同，两者的区别在于是否能借助光合作用生长。我们也能根据浮游生物的大小来区分，比如微型浮游生物是 2~20 微米，小型浮游生物是 20~200 微米。

科学家们已经记录了总共约 5000 种海洋浮游生物，它们共同起到十分重要的作用。尽管每个浮游植物的个体都小于 0.2 毫米，有的只有一个细胞，但是它们全部加起来的生物量占到了海洋总生物量的 98%。浮游植物处于海洋食物链的最底层。它们同时也是真正的地球之肺，人类呼出的二氧化碳中有 30% 都被它们吸收了，而人类吸入的氧气里有 50%~70% 是它们产生的。和陆生植物一样，浮游植物的藻生也是一种季节性现象，其发生取决于阳光、温度和从江河或大型洋流带来的营养物。我们把浮游植物在春夏快速大量繁殖的现象称为水华现象。当浮游植物达到每毫升几百万细胞的高浓度时，从外部看，海水就会呈现出绿色、蓝色、栗色或是红色。浮游植物的适度增长同时也是水产养殖活动的支柱：贻贝和牡蛎以浮游植物为食，因此它们充足与否会直接影响这两种水产品的养殖情况。

浮游生物的组成也很重要。这也是为什么当出现类似于纵裂甲藻或亚历山大藻这类含有毒素的微藻时，卫生部门会禁售贝类。这些毒素来自土壤中大量的硝酸盐和磷酸盐，与集约型的耕作方式有密不可分的联系。

随着生物技术的发展，浮游生物如今也被视为一种未来资源。例如螺旋藻就已经被当作是一种补充食物，开始进行商业化种植了。但研究的重点依然是生物燃料的生产：由于和陆生植物相比，微藻的增长速度更快、产量更高，所以或许是不错的燃料。此外，微藻并不需要占用逐渐匮乏的耕地面积，为粮食生产节省了空间。但是目前的工业仍不足以支持微藻进行大规模生产，成本也很高。

然而，由气候变化造成的海水酸化目前已经威胁到了浮游植物的生存，部分可以产生钙质结构的藻类在酸化的海水中会放缓生长速度。

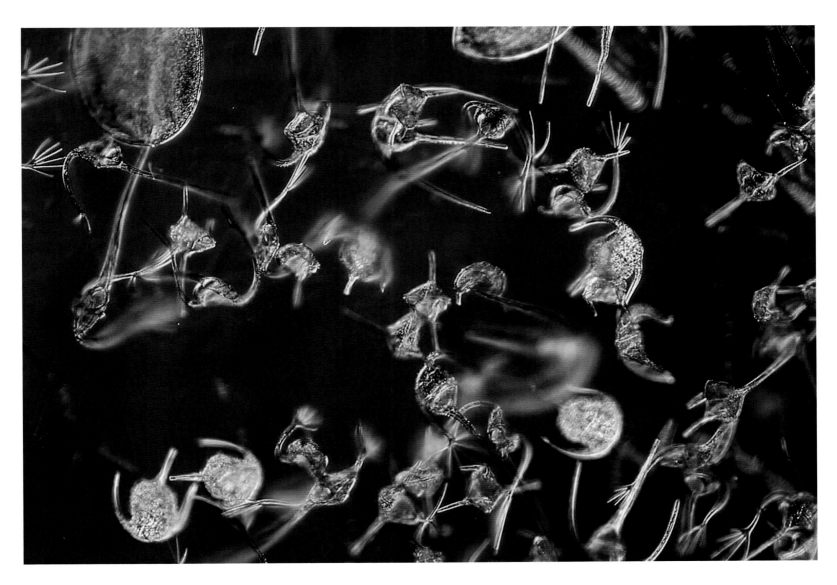

专 访

一年 45 次重生

保罗·法科维斯基（PAUL FALKOWSKI）

他是一位研究浮游植物和海洋光合作用的专家。他在美国罗彻斯特大学的海洋与海岸科学研究所教学，同时也是"塔拉海洋"远征考察项目的科学顾问。

海洋有着丰富的生物多样性，尤其是在微观世界。这一点有什么样的重要性？

海洋的生物多样性在微生物界体现得尤为明显。但是由于太多物质都是肉眼看不见的，所以它的重要性在很长时间以来都被忽视了。浮游植物直到20世纪才被发现，而直到最近人们才认识到它的重要性。"浮游植物"包含两种单细胞生物：蓝细菌和微藻，它们都能利用营养物和阳光进行光合作用，生产有机物。一滴水就能给数以千计的微生物提供生存和繁殖环境。尝试过多种测算方式后，生物学家们估测大约有10亿吨浮游植物稳定地生活在海水中。这是一个庞大的数字。而这还只是地球上能进行光合作用的生物总量的1%，其余的光合作用生物基本为陆生植物。

但是浮游植物对大气至关重要？

事实上，近50%的光合作用都是浮游植物进行的。要想评估它们的重要性，就该先明白一点：比起它们的生物量，更值得注意的是它们的更新速度，也就是创造新生命、吸收碳和释放氧气的速度。地球陆地有5000亿吨生物量，其中树木占了大部分，但是它们的更新速度缓慢：大概每10年才更新一次。浮游植物则相反，它们的细胞只能存活5天，它们的生物量每年要更新45次！也就是说每年都有450亿吨新的浮游植物产生。这样高的活动能力使得它们尤为多产。

"如果没有浮游植物，温室气体的浓度将比现在高很多。"

浮游植物对大气的成分有哪些影响？

我们吸入体内的空气中氧气的含量是21%，其中一半都由海洋产生。是的，在某种程度上，我们确实应该感谢浮游植物。但是要感谢的并不是只有浮游植物。我们还应感谢海洋将碳储入海底的能力。而这又得归功于整个生态系统的运转。在森林中，树木并不总是被吃的对象，或者不会被全部吃掉；但浮游植物却是被所有动物大量吞食的对象。这也解释了为什么它们生产的碳能通过食物链有效地传递下去。一部分含碳量高的物质——尸体、排泄物……会缓慢地沉入海底。它们将沉积在海底，或进入海底缓慢的循环系统中，数百年后再重见天日。这个过程被称为"生物

泵"。如果没有浮游植物，温室气体的浓度将比现在高很多。

浮游植物是如何分布的？哪个区域最高产？

浮游植物在海平面至海平面以下100米之间的海水中繁殖，它们需要阳光和营养。因此，海岸及大陆边缘对它们来说是最理想的生长区。南美沿岸、北海以及南极洲都是高产区。风对浮游植物的繁殖来说也是重要因素。在风的影响下，部分海域富含营养的底层海水上升到海面表层：这就是上升流。目前最高产的区域大概是本格拉寒流（以安哥拉一座城市命名）流经的海域，这一海域的海水是一路从南非沿着非洲大陆西海岸线翻涌上来的。

由于秘鲁上升流的存在，南美洲西海岸的海水营养也十分丰富。

但是有时候也会出现海岸区域海水富营养化的情况？

所有我们使用过的或是丢弃在陆地上的东西都可能有一天会被抛入海岸水体中。河水中含有大量的营养物质，比如通常以硝酸盐的形式存在的氮，尤其是当这些河流经过人口密集、农业发达的地区时。营养物排入海水，使藻类过度繁殖，导致了水体的富营养化。

关于这个现象的记录现在已有很多，不少海岸都受到困扰。比如墨西哥湾、黑海以及法国，这些地方的生态系统都分别因密西西比河、多瑙河和罗讷河携带的营养物质而面临威胁。

这种富营养化导致了"死亡区"的形成？

当水体中营养物质过高，导致浮游植物过度繁殖，就会出现"死亡区"现象。海藻死后，细菌分解其尸体，消耗这个区域的氧气。一旦氧气消耗殆尽，整个生态系统也随之窒息，也就是说不再出现任何其他的生命。在亚得里亚海、墨西哥湾和中国海都出现过这个现象。

这是不可逆的吗？

不，是可逆的。海洋本身有着自然消耗多余硝酸盐的能力。但是由于硝酸盐的含量过高，生态系统的内部自我消耗不够快，所以真正有效的解决办法就是减少排入大海的营养物质。

棱角龟（Dermochelys coriacea）和它的鲫鱼（Remora remora），小卡伊岛，马鲁古群岛，印度尼西亚

棱角龟是最大型的海龟。它可以长到长2米，重1吨。它还持有爬行类动物的潜水纪录，能够下潜至1300米深的海底。棱角龟在沙滩上产卵，却在海水中交配。然而，还没有一位科学家成功观察到它们仍颇具神秘性的交配过程。雄性棱角龟出生后再也不会回到自己的出生地。

收割海藻，巴厘岛，印度尼西亚（南纬8°17'，东经115°06'）

世界上已知的藻类大约有3万个品种，但仅有几十种进行了商业开发。一部分藻类在种植之后能直接食用，其余的被用作食品加工业、制药业、化妆品业的原材料。这项种植活动需要未经污染的海水，且不会破坏所在海域的环境。今天，联合国粮农组织（FAO）鼓励藻类种植，将其看作是一种对抗粮食安全问题与贫困的手段。

生物学家在金曼礁发现了一个古老的珊瑚，金曼礁，太平洋，美国

金曼礁是夏威夷附近的一个潟湖。由于仅高出海平面1米，它经常被淹没，所以无人在此居住。丰富的海水资源使得它在2001年被列入国家野生动物保护区。2009年，金曼礁被列入《国家太平洋偏远海岛保护区》清单，这份清单上列满了太平洋上那些无人居住、远离大陆的美国岛屿，它们为包括珊瑚、鸟类、鱼类、植物、海洋哺乳动物在内的很多物种提供了栖息地。

马卡弗约特河河口，米达尔斯冰原地区，冰岛（北纬63°32'，西经20°05'）

马卡弗约特河的河水源自米达尔斯冰原（冰岛南部的一座面积约800平方公里的冰帽），它从北绕过埃亚菲亚德拉冰盖，然后蜿蜒流过一块广阔的玄武岩沉积平原，并最终抵达大西洋边缘的黑沙滩。和所有的冰川洪流一样，马卡弗约特河在通过冰渍平原时会扩散出许多小支流。它的水流量变化很大，在冰川消融的七八月达到顶峰值。气候变化有可能将扰乱这个季节规律。

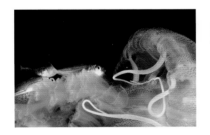

牙鳕在夜光游水母（Pelagia noctiluca）的触须间游动，地中海

夜光游水母，地中海毒性最大的一种水母，为蓝色海岸的度假者们熟知，因为他们中的很多人都被它淡紫色的触须蜇伤过。这种水母在400米的海下生存，在夜间游上海面。若它们被洋流带往浅海区，便无法回去，被冲刷到海滩上。人类的过度捕捞导致水母的天敌越来越少，它们开始进行史无前例的繁殖，这样也加快了生态系统的衰败，给游泳的人带来了困扰。

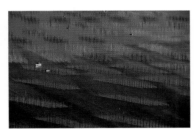

有明海的紫菜种植，九州，日本（北纬33°08'，东经130°13'）

紫菜这种藻类因为味道好、营养价值高而深受喜爱，日本也因此拥有了最具价值的海产养殖藻类（近13亿美元），在这个产业工作的雇员大约有3.5万人。海藻的养殖，是顺着主洋流的方向，用绳子在水下将其固定在木桩之间。这种植物生长很快："播种"45天之后就可以进行第一轮收割。在全世界已知的约3万种藻类中，只有几十种进行了商业开发。

鲸鲨，墨西哥

孤独又温和，鲸鲨的捕食者只有虎鲸、人类以及其他几种鲨鱼。但人类的过度捕捞导致这个物种岌岌可危。尽管这种动物运动范围很大，对评估它的数量造成了困难，但世界自然保护联盟（IUCN）仍将它视为濒临灭绝的物种。2012年2月，一头已经失去意识的鲸鲨在巴基斯坦的卡拉奇港搁浅。人们用了4台起重机才将它从海水中拖出来，后来以1.4万欧元售出。

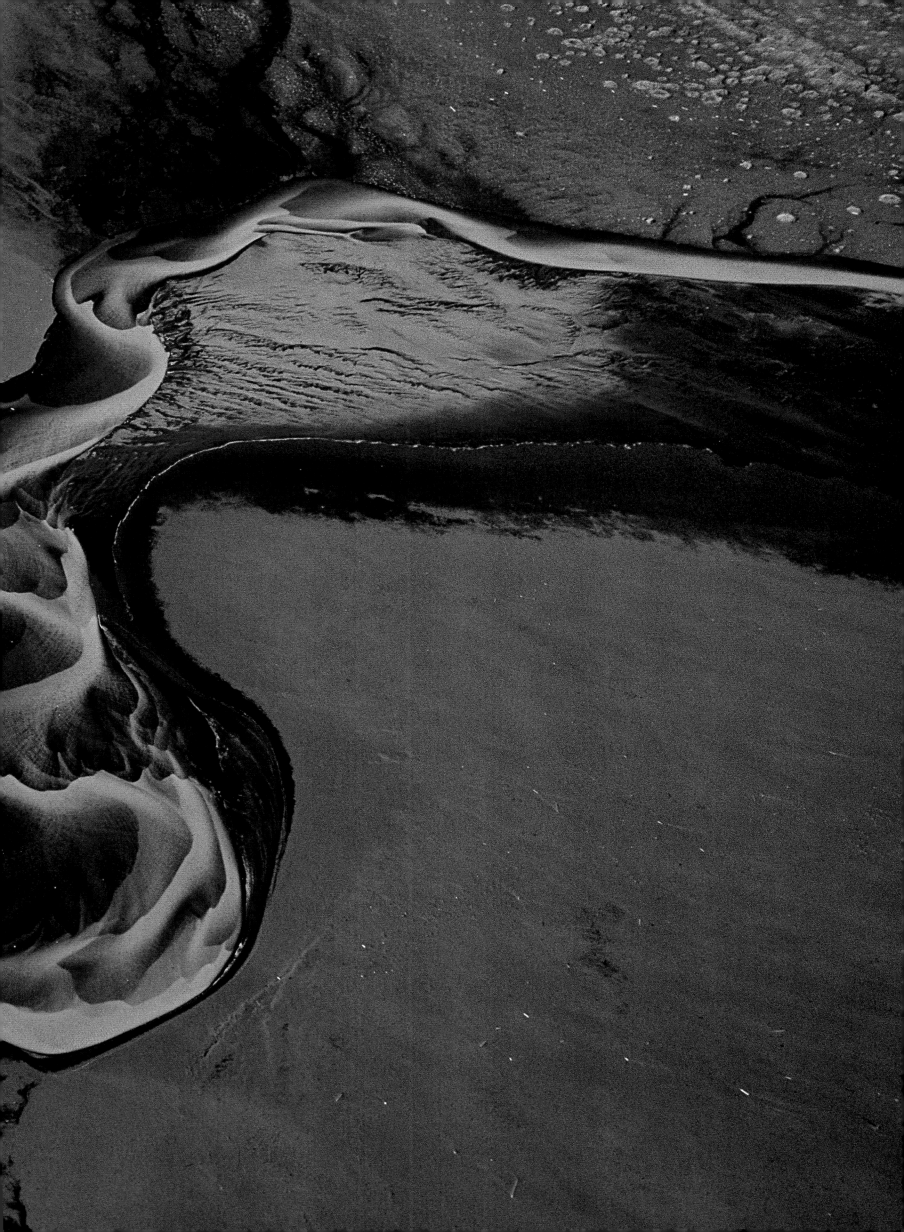

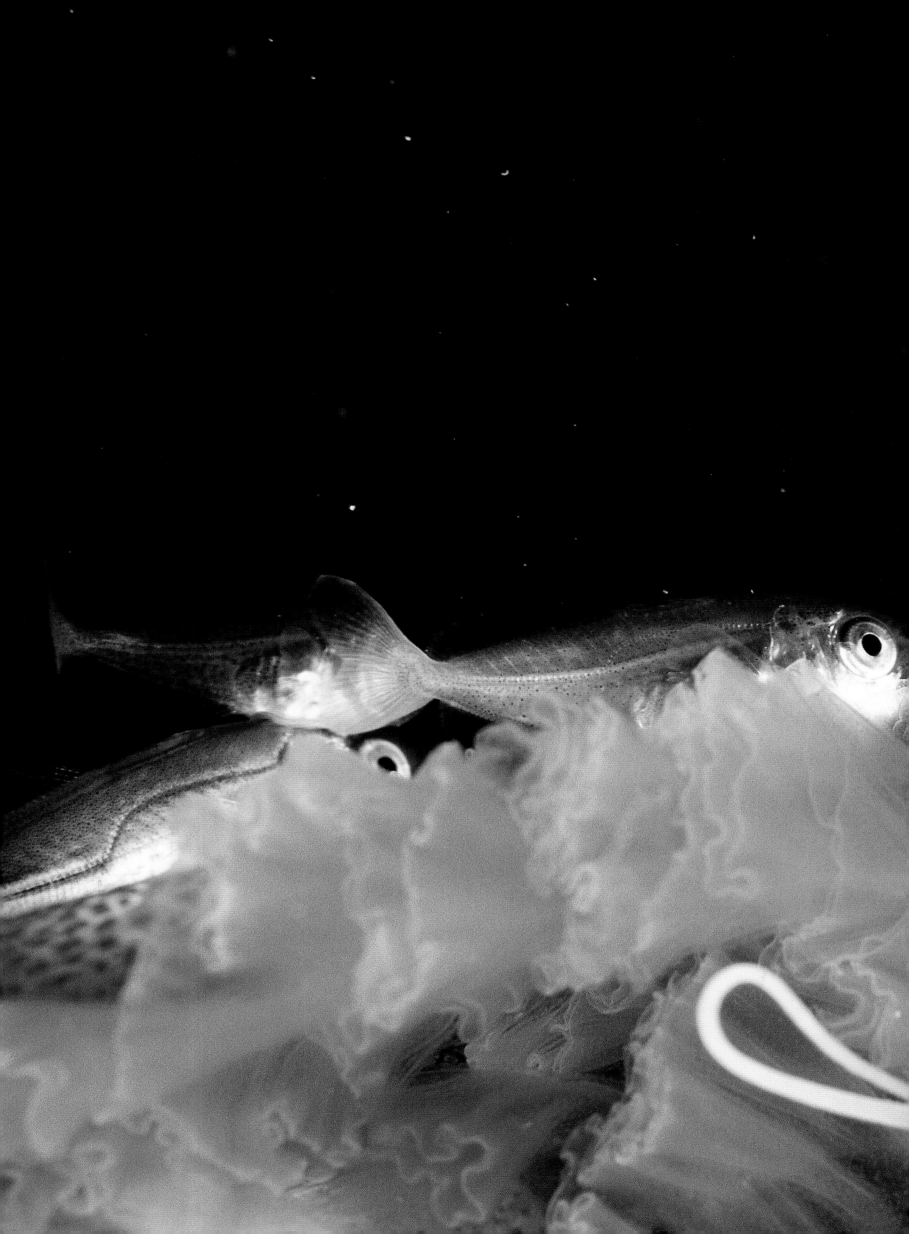

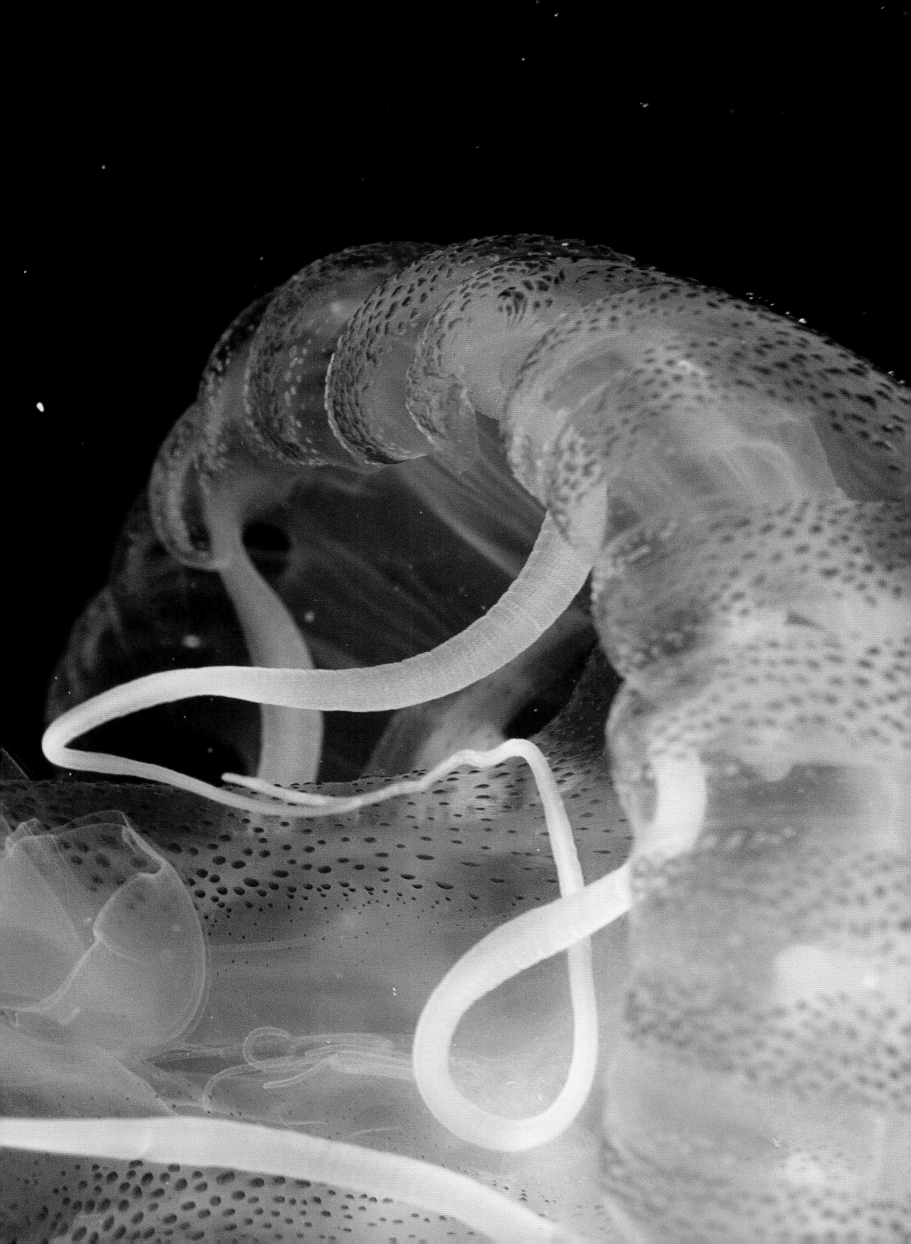

一个丰富多彩的世界

生命最初出现在海洋。海洋比陆地拥有更漫长的演化过程，经过数十亿年的演化，生命之树上的几乎每个分枝都能在海洋里找到：在动物界全部 34 个门里，有 32 个都能在海洋中找到，而其中 14 个是海洋特有的。棘皮动物门，包括海星、海胆、海参，就是属于海洋特有的门。2010 年，另一种海洋生物，铠甲动物门，在地中海海底被发现：这是已知的第一个可以长期在无氧环境中生存的多细胞生物门类。

微观世界

和陆地生物一样，海洋生物的多样性也充满了未知，其中包含的物种数量也存在争议：在不计入微生物的情况下，我们估计在海洋里有 20 万～25 万个动植物物种，约占地球总物种数的 15%。然而关于地球总物种数的测算，根据不同的研究，评估的结果在 200 万～1 亿之间变化，这其实是数据掌握不足的表现。

尽管最具代表性的动物是那些大型动物，比如鲸、海豹、鲨鱼或海龟，但其实绝大多数生物都是肉眼看不见的。事实上，微生物——藻类、细菌和病毒——有数百万种。例如，我们能在一滴海水里找到 160 种原核生物（细菌），能在一升海水里找到 229～381 种真核生物（有一个细胞核的生物）。

浮游植物，包括一切可以进行光合作用的单细胞生物，占海洋总生物量的 98%。这些直径不超过 1 毫米的微生物给整个生态系统提供了资源，回收了废物。而且人类吸入的氧气大部分由它们产生：它们才是地球之肺。

从最小的物种到最大的物种，从这些浮游植物到以它们为食的蓝鲸（长可达 30 米，重可达 170 吨），所有的海洋生物之间都是存在联系的。

珊瑚

另一种微生物珊瑚虫可以组成一个个巨大的群体。珊瑚其实就是由这些小型凝胶状动物产生的钙质骨骼所形成的。而珊瑚礁之所以有颜色，是因为在珊瑚虫组织内有与它共生的微藻。白天，珊瑚吸收藻类利用阳光生成的营养物质；夜晚，珊瑚中的每只珊瑚虫都化身为厉害的猎手，借助它黏糊糊的含有毒素的触手捕捉猎物。

珊瑚礁吸引着众多生物，包括甲壳动物、软体动物、成千上万种鱼类，以及前来享受丰富的猎物资源的多种鲨鱼。因此，珊瑚礁和赤道雨林的顶部，并称地球上最丰富、最复杂的生态系统。尽管珊瑚礁只占 0.1% 的水生环境，却容纳了 100 万～900 万种生物，而其中只有 10% 为人知晓。占海洋鱼类总数 1/4 以上的约 5000 种鱼类，都能在这里找到。在 1 平方米的珊瑚礁范围内，我们能找到的动植物物种数是开阔水域的 100 多倍。珊瑚礁是海洋生命真正的绿洲。

▶ **宝石海葵（Corynactis viridis），爱尔兰**

海洋里生活着 1000 种海葵，它们从沿海到深海区（1 万米深度）都有分布。这种和珊瑚虫以及水母相近的动物并不能产生钙质骨骼。宝石海葵是一种小型海葵，它们既可以独立生存，也可以在高密度群体里生存。它们颜色鲜艳且多变，可以是绿色、紫色、红色、橘色、粉色、黄色、淡白色或褐色。

3500 万公顷的珊瑚礁

澳大利亚海岸东北部的大堡礁，是地球上最大的生命体结构。大堡礁由 2900 个珊瑚礁组成，从太空中都能看见。它 3500 万公顷的面积已经被联合国教科文组织列入世界遗产名录。大堡礁由 400 种珊瑚组成，1500 种鱼类和 4000 种软体动物在这里居住，也是儒艮和大绿龟这类濒临灭绝的物种的家园。

黑烟囱

　　和热带珊瑚礁一样，在海底也有一些生命种类丰富的地方，尤其是在海下 500~4000 米之间、沿着海脊形成的热泉附近。剧烈的火山运动释放出浓烈的黑烟，它们的名字"黑烟囱"也由此得来。从这个喷口喷出的液体可以达到 350℃ 的高温，且液体中含有高浓度的化合物，成分包括锌、锰、硫化氢和二氧化碳等。尽管缺乏光照，压强极高（1000 万~5000 万帕），局部温差极大（几米之内水温就可以从 350℃ 变成 2℃），水体中含有对大多数物种来说有毒的金属化合物，生命仍然在此绽放，甚至欣欣向荣：喷口周围的动物质量密度可以达到 50 千克每平方米。

　　生命形态会适应环境并进化出新的生存技巧。比如庞贝蠕虫（Alvinella pompejana）就以在肉眼可见的动物中最耐高温而出名：它和丝状细菌共生在一根管子里，一部分身体可以暴露在 80℃ 的高温下！

　　大西洋中脊盲虾（Rimicaris exoculata），是一种没有眼睛、完全看不见的虾类，虾壳上布满了嗜硫细菌，而它们的密度可以达到每平方米 2500 只。而有些生物的体积惊人：深海偏顶蛤（Bathymodiolus）这种深海贻贝的身长可达 36 厘米。由于深海生物的多样性还有很多未知，所以不时会出现像长毛蟹这样惊人的发现：2005 年，奶白色的雪人蟹（Kiwa hirsuta）曾以它长满毛的钳子占据头版头条；2012 年，由于胸部是毛茸茸的，一种新发现的螃蟹被命名为"霍夫蟹"（David Hasselhoff）[4]。

4　大卫·哈塞尔霍夫（1952— ），美国演员，长相英俊，毛发浓密。

▲ 海参在用触手将食物送入口中，缅因湾，美国

　　海参和海胆、海星一样，是棘皮动物——海洋独有的生命之树的一个分枝——中的一种。海参身体柔软，但外皮坚硬，起到骨骼的作用。大部分海参都在沙粒中获取营养：它们会在沙粒中寻找可食用的物质。另一些海参则会借助嘴周一圈的触手来抓取悬浮在海水中的食物颗粒。在应激状态下，海参会喷射出被称为"居维叶氏管"的黏性线状物来自我保护。在印度洋-太平洋地区，海参常常被用来做汤和炖菜。

分布不均的海洋资源

尽管在表面上看起来是一个均匀统一的整体，但事实上海洋内部的栖息地却极为多样。或多或少彼此相连的各块栖息地之间并没有明确的界限，共同拼成了海洋这块大"拼图"。营养物质的多少、是否暴露于洋流、海底的沉积类型、阳光的充裕程度、海水的温度、是否有冰、深度、含氧量，这些都是构成海洋景观的一部分。

海洋沿岸水域水浅、来自陆地的食物充足，是海洋中最营养的区域。然而，虽然还有很多地方没有被探测过，考虑到它的面积，深海仍然可能是海洋生物多样性最丰富的区域：实际上80%的海洋动物物种都生活在海底沉积物之中、之上或附近。与之相反，在开阔的海域中生活的生物物种要远低于在海底生活的生物物种；由于在部分开阔海域中的生物物种实在是过少，这类海域因此也被称为"蓝色沙漠"。

而那些地球上生物种类最繁多的区域则被称为生物多样性热点地区（Biodiversity hotspots）。海洋中已发现的生物多样性热点地区共有10处，其中包括加勒比海、几内亚湾、红海、北印度洋和日本海南部。

这些地区的共同点就是拥有特别丰富、高产的生态系统，如珊瑚礁、海草场、红树林、热泉或海底山脉。它们同时也是地球上受到最大威胁的生态系统。

海洋提供的服务

海洋生态系统以及它们的生物多样性为人类提供了大量有巨大经济潜力的资源，也

▲ 蓝眼玻璃虾虎（Notoclinops Segmentatus）摆出攻击性的姿势在保卫它的领土，普尔奈茨群岛，新西兰

这种鳚鱼长数厘米，以它的蓝色大眼睛出名，生活在珊瑚礁附近的岩石区。在繁殖的季节，雄性会穿上颜色鲜艳的外衣，给自己的窝站岗。在站岗期间，它们会扇动鱼鳍给鱼卵供氧。这种鱼的领土意识很强，会在珊瑚里找一个洞或缝隙占为己有，在此安家。它们天性胆小，受到威胁的时候会躲进自己的窝里。

一年18000个物种

据说2011年全世界发现了近18000个新物种：鲨鱼、乌龟、多彩海蛞蝓……这些物种大部分都是在科学考察中发现的：比如在南非近海发现的灯笼鲨鱼——雕刻乌鲨（Etmopterus sculptus）。而另一种灯笼鲨鱼——庄氏乌鲨（Etmopterus joungi），则是在中国台湾的市场货摊上发现的。

就是所谓的"海洋提供的服务"。首先，海产品为近30亿人提供大量食物，是他们最重要的蛋白质来源。其次，海洋提供了很多种药物，如抗肿瘤药物，再如抗病毒药齐多夫定，也给化妆品行业提供原料。最后，很多地区，如红海和东南亚地区，都开始以海洋多样性和潜水服务为基础，大力发展旅游业。

近30%的由生态系统提供的服务都来自海洋，累积价值每年可达3万亿美元。除了这些环境和经济问题，将文化因素和生物多样性的保护结合起来也是很有必要的。

面临威胁的生物多样性

海洋生物多样性为我们提供了多种服务，但却承受着人类活动所带来的威胁：过度捕鱼、污染或气候变化，都是危害物种生存的因素。自从进入工业化捕鱼时代以来，大型商业物种的数量就减少了近90%。

然而，当一个物种——甚至是稀有物种——消失，整个生态系统都将变脆弱。这个现象在大型捕食动物身上体现得尤为明显：一旦它们消失，像水母或小型食草鱼这样的物种就会开始迅速繁殖。

外来物种也同样会造成严重的生态和经济后果。比如，今天，在以色列沿海，捕捞上来的物种中有50%都是经由苏伊士运河从红海游上来的鱼类。而这些鱼类的生长速度和繁殖能力都远低于先前就存在于这个区域的物种。

气温的上升与气候变化有关，气温上升改变了植物物种的分布，并促使动物物种从低纬度向高纬度迁移。而冰川的消融也导致了冰雪世界中动植物的消失：北极的代表动物北极熊还能存活多久？与此同时，大气中过量的二氧化碳造成了海水的酸化，对珊瑚虫以及部分浮游植物这样的钙质生物或许会造成严重的影响。

存在未知变量的方程式

我们对海洋的运作仍未完全了解，但与此同时一切变化都在这里发生。每天都有新的海洋物种被发现。哪怕是对像鲨鱼和鲸这类最具代表性的动物，我们也缺乏了解：支配它们迁移的过程究竟是怎样的？海洋动物之间呼叫的目的是什么？可能很多物种在我们发现它们之前，或是在我们弄明白它们是如何活动之前，就已经灭绝了。如果我们都还不认识它们，要怎么去保护它们？对那些我们知之甚少的物种，我们该如何制定可持续发展的捕鱼政策、确定适当的配额？需要弄明白的东西实在太多了。

搁浅

从秘鲁、新西兰、马达加斯加到法国，都出现海洋动物在沙滩搁浅的情况，但原因却不明。要把这些动物重新送回海里往往为时已晚，要把像鲸这样的大型哺乳动物送回大海尤其复杂。所以能做的只有处理掉它们的尸体。对这些神秘搁浅的猜测各地不一。其中当然包括一些自然原因，比如疲劳和缺乏食物，还有疾病如麻疹（出现在20世纪90年代的地中海）。或是由和船只相撞引起。也有人猜测和农药这类有毒物质有关。但是其中看起来最可信的猜测之一是，海底噪声的增多干扰了靠回声定位的哺乳动物的方向感，造成了搁浅：这些噪声可能产生于军用和民用声呐、海上交通和深海钻井。

▶ **哈梅林池海湾的叠层石，鲨鱼湾，西澳大利亚州、澳大利亚**
（南纬 26°19'，东经 113°57'）

鲨鱼湾极为特殊，是世界上极少仍能观察到活叠层石的地方之一。但是照片中这块暴露在干旱中的叠层石极有可能已经死亡。通过它们橘色的表面，能看出它们含有大量的氧化铁。

鲨鱼湾 生物多样性的宝库

鲨鱼湾位于澳大利亚的最西边，和世界上其他地方都不同。它的面积有2.5万平方公里，其中大部分水底都沉淀了一层富含氧化铁的沙子，让鲨鱼湾呈现出这种很特别的红色。

狭长的陆地、半岛和岛屿将海湾与印度洋海水分隔开来。在这里水循环变得困难，因此限制了水体的更新，增大了水体的盐浓度，使其达到全球海洋平均盐浓度的3倍，也造就了罕见的生态结构"叠层石"。

叠层石的出现离不开进行光合作用的细菌：蓝藻在吸收二氧化碳，生成氧气之后，会形成一种钙质外壳。在35亿年前，叠层石占领了地球大部分海岸，促进了大气的生成。在很长一段时间内，它们都被看作是一种化石，而在20世纪50年代，人们在鲨鱼湾首次发现了活叠层石，和在原始海洋中常见的一样。

鲨鱼湾的海水也孕育着世界上最大最丰富的海草场，这些植物除了能保护鲨鱼湾不受侵蚀，还为许多动物提供食物和居住地，尤其是给地球上最大的儒艮群提供了庇护：有1.3万只这种受到威胁的哺乳动物居住在这里（占西澳大利亚这个物种总数的87%）。

海草场同时也吸引了大绿龟和蠵龟，它们以这种海草的芽为食，并且在鲨鱼湾产卵。其他大型动物，如印度洋宽吻海豚、座头鲸和鲸鲨也受益于鲨鱼湾丰富的海洋资源。

鲨鱼湾由很多岛屿和小岛组成。在它的42座岛屿中，有15座都蕴藏着丰富的自然资源。对15种鸟类来说，这些岛屿就是它们的圣地，它们在这筑巢，获取鲨鱼湾海水中充足的食物资源。在这些最重要的物种中，鹈鹕、大凤头燕鸥和鹗占领了这些岛屿的大部分，它们筑的巢都非常大，可达2米之高。据统计，1997年，仅弗雷西内半岛就记录了1500个鹈鹕和200个曳尾鹱的巢。由于鲨鱼湾鸟类资源丰富，鸟粪开发就成了这里最先发展的产业之一。19世纪末，当这些氮源和磷源被充分开发之后，仅鹈鹕这一个物种一年的鸟粪产量就能达到80吨。

基于以上所有原因，鲨鱼湾在1991年被联合国教科文组织列入世界遗产的清单。它是一座海洋资源的储藏库，它惊人的生物多样性以及人类在此展现出的对生物多样性的保护能力——当我们下定决心之时——都成为它的标志。

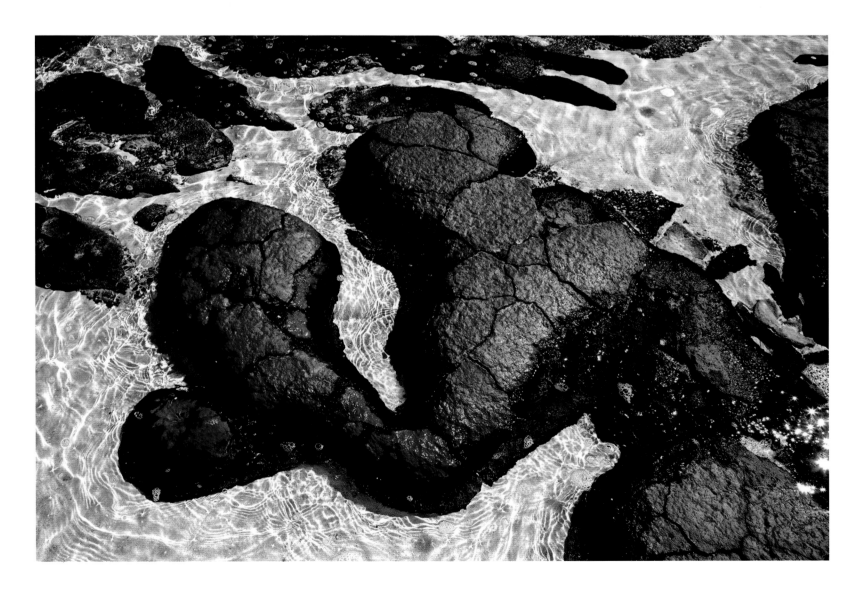

专 访

我们每天都在发现新物种

菲利普·布歇（PHILIPPE BOUCHET）

菲利普·布歇是巴黎国家自然历史博物馆的教授，分类与收藏研究所的所长。他同时也是国际动物命名委员会（ICZN）的成员，领导了约30次探险，定义了500~550个新物种。

2006年您带领大家进行的桑托[1]探险，被认为是关于生物多样性的一次最大型的科学探险。这次探险收获了哪些成果？

2006年在太平洋西南部的瓦努阿图桑托进行的是一次大规模的探险，持续了5个月时间，有150名科学家参与其中，也取得了很多成果。我们经常将珊瑚礁看作是海洋资源主要的储藏库，这里的资源量真的非常惊人。

在桑托岛或菲律宾群岛，几平方公里内的物种要比整个地中海，甚至整个欧洲海域的物种都多。

这次探险在您所执行的任务中是最重要的一次吗？

我对自己所有的任务都感到自豪，虽说桑托探险是一个转折点，让大众发现原来还有这样一种探险形式，但对我来说也并不是最特别的。

在桑托岛或菲律宾群岛，几平方公里内的物种要比整个地中海，甚至整个欧洲海域的物种都多。

我始终记得那是2004年，我们搭乘一艘名为阿里斯号（Alis）的考察船，在所罗门群岛执行任务：岛上没有任何基础建设，完全被森林覆盖，那时，我们真切地觉得自己就处在世界尽头，与全世界隔离。

您是如何组织这类任务的？

在几年前，组织一些大型海洋学的任务还是比较容易的，而在今天却面临巨大的财政风险。为了筹集经费必须要四处奔波。完成这些任务的一个办法就是采取非常规的手段。所以比起花费时间精力去争取大型海洋考察船的一段使用时间，我会更倾向于选择租用旧式商业渔船，然后找一位船长和一些高水平的业余爱好者，和我一起出海。这使我得以去任何其他考察船都无法到达的地方探索。

利用这种方法，我平均每年可以组织一次大型探险，而我

在世界各地的大多数同行在他们整个的职业生涯中最多只能组织几次。

海洋中一共有多少物种？

目前大概定义了23万个海洋物种。我用上了"大概"，是因为自2008年起，科学界就试图将发现的物种集中记录到一个数据库里：这项工作由世界多国科学家共同完成，并且被收录在世界各地图书馆的馆藏文献中。在这个数据库启动的时候，我们以为海洋物种数已经达到了24万。但是事实上，由于出现了错误和重复计算等问题，这个数字一直徘徊在21.3万左右。现在每年有大约2000个新物种被发现，与20年前发现新物种的频率相比，这个数字在明显增加。从来没有任何时期能像现在这样发现这么多的新物种。

所以说发现新物种并不是一件稀奇的事？

我们每天都在发现新物种！

不幸的是，只有比较轰动的发现才会传到大众耳朵里，比如哺乳动物或是奇形怪状的动物。而我们大部分发现都与那些"普通"的生物多样性有关。不过我们对一些种类的了解要多于另一些。比如鱼类就是我们了解最多的其中一类。我们估计在海洋中大约有1.7万种鱼是广为人知的，而其余大约5000种则有待了解。此外，还有一些生物群，例如非寄生性的线虫，物种数量还不清楚。同一位研究者，在10年前给出的物种评估数据是1亿，而十年后却将这个数字修改到了100万以下！这种情况反映了人类的无知。

据估计，80%的生物多样性都还有待发现。这个比例是如何得来的？

这个估测是研究人员基于陆地使用的计算，尤其是热带雨林的计算而得出的。在了解了一种树木专有的昆虫物种数量之后，用这个数字乘以树木的物种数，就能估算出整片森林的昆虫多样性。但是这个乘法公式并不适用于海洋。因为全世界都对螃蟹相对熟悉，所以我用螃蟹来进行了同样的推算，并从中获得了乐趣。欧洲海域整体的物种多样性已基本成形，所以可以知道螃蟹的物种数量和

1　桑托，即卢甘维尔，西南太平洋瓦努阿图第二大城市，位于圣埃斯皮里图岛东南端。

整体的物种数量之间的比例。如果这个比例与全球海洋的比例相当，那么我们就可以得出全球的总物种数为150万。但是其他人也提出了一些不同的估测方法，仅2010年就发布了两个不同的数据：30万种和220万种。我们又一次看到，数据的差异是很大的。

为什么要试图定义每个物种呢？

原因有多个。首先，如果一个物种没有名字，那么科学家就无法对关于这个物种特性特征的数据进行沟通和交流。从更广泛的意义上说，没有名字的物种无法在规范性文件中被提及，以渔业为例，我们是无法规范一个无名物种的数量需要保证在哪个数字以上的。最后一点，可能也是最为人性的一点，这是出于人类的好奇心。去定义我们周围的世界、给万物命名，是我们的天性。

您说越来越多的物种被发现，但生物多样性却在衰退？

生物多样性衰退或面临威胁并不一定意味着物种数量的减少，也就是物种的灭绝。有一种现象叫"地方性掠夺"，也就是说，或许由于过度开发或居住地受到破坏的原因，物种将会在一个地方消失，但是我们不能说这个物种就灭绝了，因为在海洋中物种的分布范围是十分广的，物种在一个区域消失了，还能在另一个区域找到。与之相反的是，淡水中物种的分布范围要小得多，约100种鱼类已经灭绝，而海洋物种还只灭绝了一个（而据猜测，这个物种之所以灭绝，也和它生命中的一段时期是在淡水中生活的有关）。然而这些并不说明海洋就一切都是完美的，远不是如此。这只是说明了通过灭绝的物种数量来诊断海洋是否健康并不是一个好方法。

所以您认为物种的灭绝和物种内生物数量的减少是有区别的？

在过度开发的情况下，物种的数量有可能急剧下降，使它们几乎很难再被捕捞，这种情况下，这个物种就被看作是"从商业意义上来说已经灭绝了"。但是事实上，从生态学意义上来看，它并没有灭绝。尽管如此，我对此并不乐观，因为现如今所有生物多样性的指标都亮起了红灯。问题在于我们在确定和执行有效解决措施的时候，并没有将问题的成因考虑进去，这和我们在解决臭氧问题时所犯的错误是一样的。

建立海洋保护区会是一个有效的办法吗？

当然，任何以保护生物多样性为目的出发的方法都应得到支持。让我感到担忧的是，目前海洋保护区都是建立在一些没有利益纠纷的地方。一旦将这些区域保护起来以后，我们是否能在一些存在纠纷的地方——存在更激烈经济纠纷，但同时也需要更强的保护力度的地方——建立保护区？我们还应明令禁止深海拖网捕捞和过度捕捞，这是目前破坏海洋生物多样性的最主要的方式。

海洋的未来将会如何？

不管是过去还是现在，海洋都面临着我们常说的"启示录四骑士"：栖息地的分裂和消失、物种的入侵、过度攫取以及物种的灭绝。我害怕类似海水酸化这样的新问题会让我们忘记这些"骑士"，因为其实在我看来，这四大问题更加危险。我认为生物多样性患癌已久，在此前提下，再多个咽喉肿痛并不会让海洋产生什么变化。当然了，咽喉肿痛可能恶化成肺炎，但是我认为生物多样性将会死在"启示录中的骑士"手里。今天有谁提到过，因为养鱼爱好者的兴趣和制药的需求，海马已被过度捕捞？没有任何人。让我保持乐观的唯一原因是，我们对海洋仍然有一种"原始的"憧憬，我们都仍希望能够让充满大型动物的、自由而原始的海洋一直存在。

"现如今，所有生物多样性的指标都亮起了红灯。"

我们已经不再用同样的指标来评估陆地生物多样性了。谁还会渴望看到一个被森林覆盖、住满了野牛的原始的欧洲呢？然而不幸的是，我们已经开始失去，或者说可能已经失去那个自由的海洋了。而任何办法都无法让它真正重回过去的面貌。

所以您才决定将各种生物归档到博物馆的收藏中？为了留住这份记忆？

我觉得在面对我们周围的生物多样性时，收藏和归档能起到重要的保留记忆的作用。但是大多时候，博物馆的内部结构都很死板，经常会没有位置！我们该把所有的这些资料放在哪里？记录的工作是必要的，但是却越来越难进行下去了。我不觉得各机构已经意识到了这些数据的重要性，哪怕是在生物多样性明显已处于危险中的时候。

圆眼燕鱼，父岛海域，小笠原群岛，日本

圆眼燕鱼是一种食草鱼，在珊瑚礁生态系统中起到了关键的作用：它和鹦嘴鱼一样，也可以通过吃来控制藻类的增殖。燕鱼也受到了养鱼爱好者的青睐。由于燕鱼在部分潟湖中数量越来越少，经济价值极高，水产养殖也大为发展，在泰国及中国台湾尤为流行。

马科科贫民窟，拉各斯潟湖，尼日利亚（北纬6°29'，东经3°23'）

拉各斯是尼日利亚最大的城市，位于大西洋边一个潟湖中，是尼日利亚主要的商业和工业中心。在马科科生活着10万人口，这里没有自来水，没有电，也没有排污系统。拉各斯是全非洲人口增长率最高的城市之一，城市化不受管控，很多未经处理的污水都排入了潟湖。

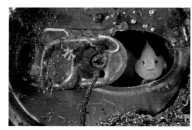

橙色叶鰕虎鱼（Gobiodon citrinus）在它的洞穴出口处（一个生锈的苏打罐），伊豆半岛，本州岛，日本

世界上最小的脊椎动物属于鰕虎鱼家族。而这只橙色叶鰕虎鱼寄居在一个旧的空苏打水罐里，它也有可能寄居在岩石的缝隙中。在海底，从饮料罐到沉船，很多垃圾逐渐被动植物占领。在某些区域，人类将大水泥块沉入海底，用来帮助暗礁的形成，为新生态系统的出现提供基石。

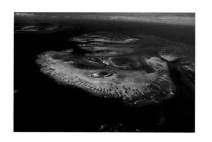

多巴哥珊瑚礁小群岛，尤宁群岛附近，圣文森特和格林纳丁斯，小安的列斯群岛（北纬13°15'，东经61°12'）

距离留尼汪岛（圣文森特和格林纳丁斯群岛中最南边的岛屿）东北部7公里的地方，4座小砂石岛和几块礁石组成了有名的多巴哥珊瑚礁小群岛。这些小岛和大西洋之间被珊瑚礁相隔开来，它们的小海湾以及生长着棕榈树的白沙滩吸引了划船爱好者的到来，而海底丰富的生物多样性让它们被誉为加勒比海域最美的潜水地。

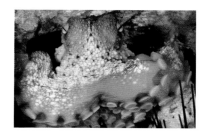

普通章鱼（Octopus vulgaris）藏在它的巢穴里，普尔奈茨群岛，新西兰

章鱼是一种头足纲软体动物，和墨鱼、鱿鱼一样，这种软体动物的特点就是在"头"下长"脚"。它有8只带吸盘的腕足，身体十分柔软，能通过各种比它体积小的洞，从潜在捕食者的攻击中逃脱。同时它也以超出常规水平的高智慧和学习、记忆能力闻名。

梭鱼群岛，佛罗里达礁岛群，佛罗里达，美国（北纬24°43'，西经81°38'）

佛罗里达礁岛群是一长串从佛罗里达州向西南和古巴方向延伸出的珊瑚岛。梭鱼群岛位于它的南部，是一串长满了红树林的无人居住的群岛，自1938年起就一直维持着它的原始状态，属于美国大白鹭国家野生动物保护区的一部分，是白鹭、海豚、龙虾、棱皮龟和绿海龟的栖息地。

一群年幼的黄色鲇鱼（siluriformes），骏河湾，本州，日本

鲇鱼的名字和它嘴唇周围或长或短的触须有关，和猫的胡须很像，尽管并不是所有类别的鲇鱼都长有触须。鲇鱼属于鲇形目，经常生活在淡水中，也有一些生活在海岸的海水中。对于日本和越南这样的亚洲国家来说，鲇鱼具有很高的商用价值，好几个品种都被引进到了欧洲和北美洲，用于竞技钓鱼。然而这些鲇鱼也显示出侵略性，会杀死当地物种。

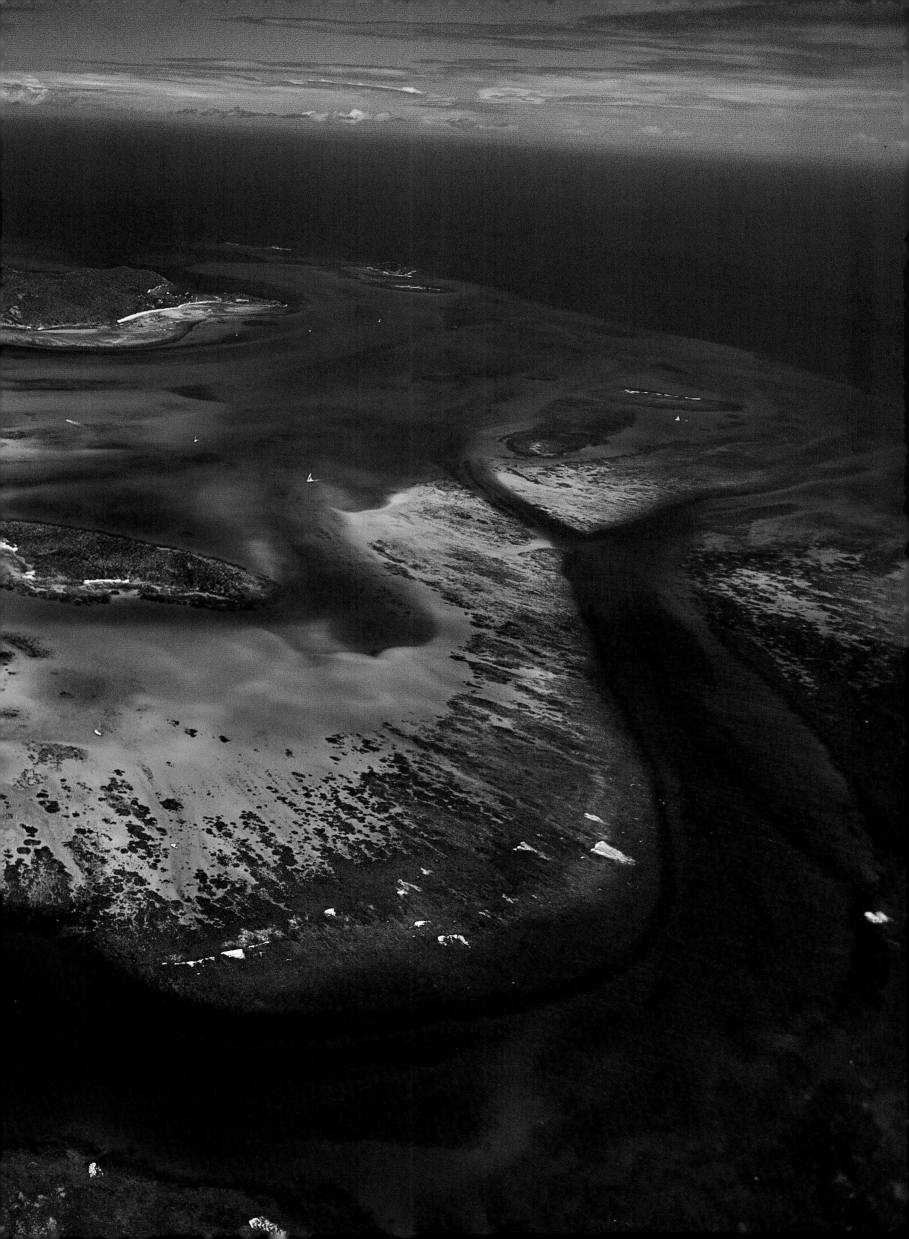

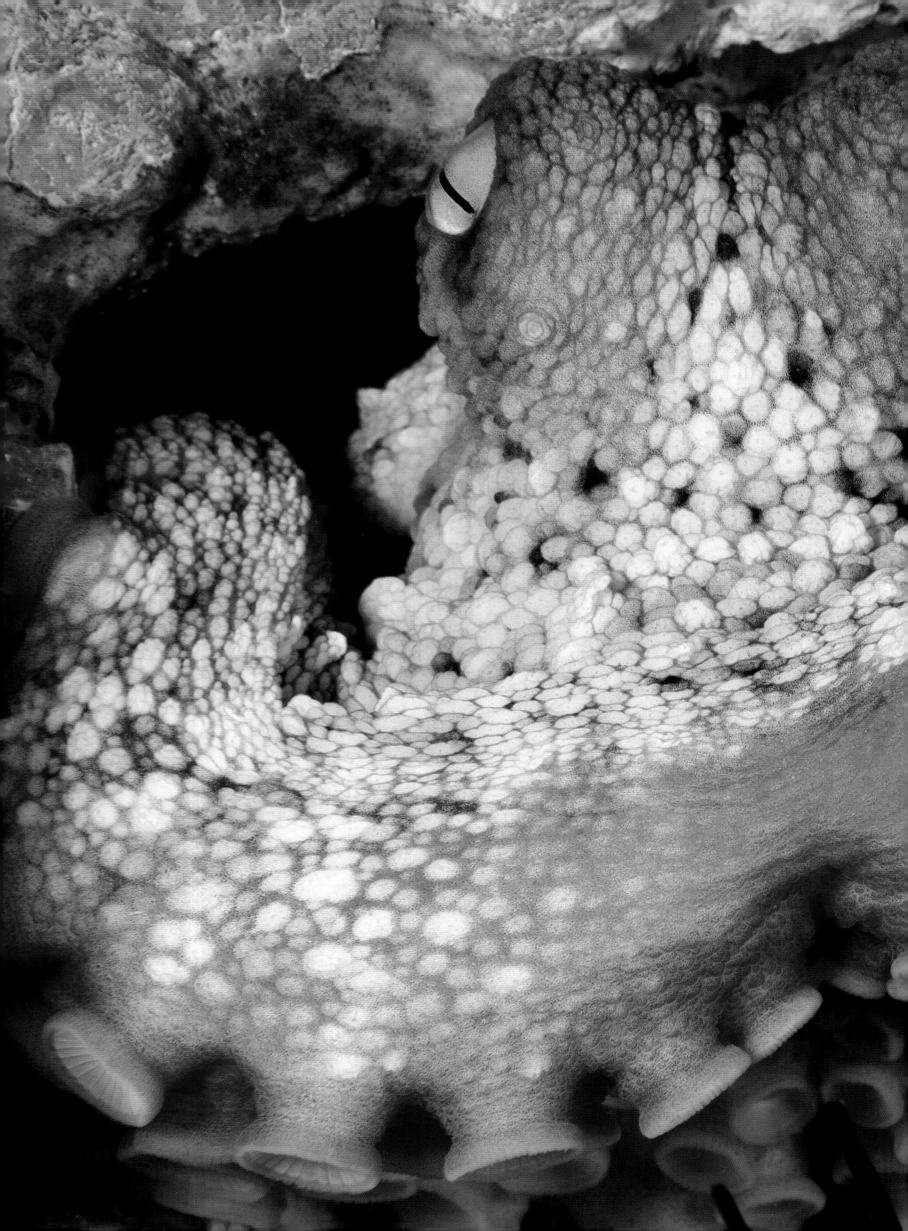

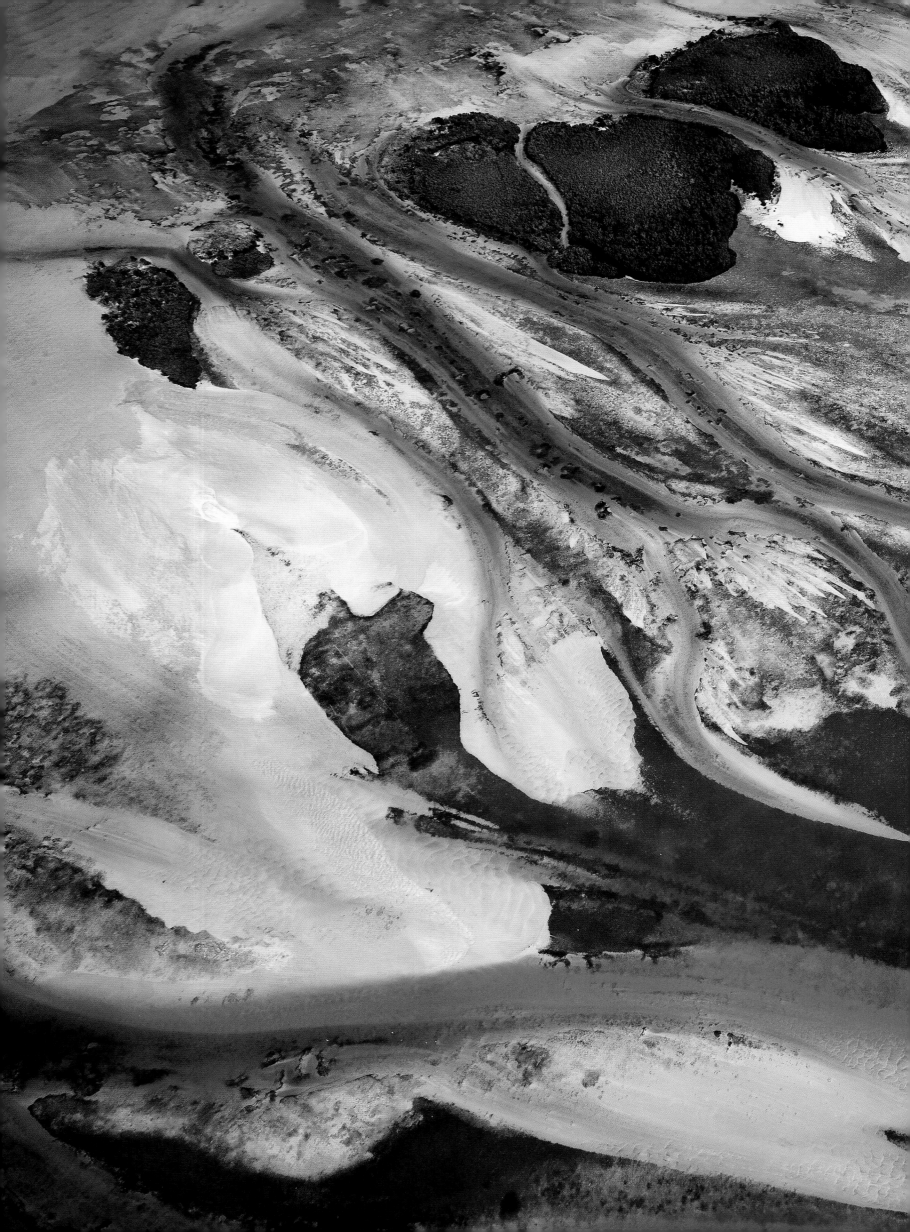

沿海地区：与大海共存

现今全世界有超过 50% 的人口都住在离海岸线 100 公里以内的区域。从现在到 2035 年，这个百分比可能将增加至 75%。沿海地区的高人口密度体现了人类与海洋之间非同寻常的关系。但这也给海洋带去了巨大的压力。

魅力十足的沿海

越来越多的人选择定居在沿海地区。尽管各地的社会经济体制不一样，但整体的趋势是一致的。而且这个趋势并非最近才有。不管是在拥有地中海城市雅典、罗马和迦太基的古希腊古罗马时期，还是在拥有威尼斯、伦敦、君士坦丁堡（伊斯坦布尔）和塞维利亚的古典时期，沿海人口都维持着高密度。在美洲、亚洲和非洲，人口的迁移促进了沿海大城市的出现：纽约、香港和开普敦都是相对比较年轻的城市。而今天，亚洲的经济发展推动着中国、韩国和日本的沿海城市成为世界顶级大都市。在法国，沿海地区仅占全国领土总面积的 4%，却养活全国 1/10 的人口，这里的人口密度（281 人／平方公里）比全国城市平均人口密度高出 2.5 倍。在美国，一半以上的人口生活在沿海地区，这里的人口密度（300 人／平方公里）是全国平均人口密度的 3 倍，从 1980 年到 2003 年，美国沿海人口增长了 28%，共增加了 3300 万。尼罗河、湄公河和恒河三角洲地区都属于世界上人口密度最大的地区。

造成这种高密度人口的原因有很多。其中有历史原因，但也不仅如此。无论是过去还是现在，面朝大海都促进了渔业的发展，便利了贸易。在有些地方，这也激励了近海海域的开发活动。而在另一些地方，海岸也成为军事基地。与此同时，海岸接待的游客和船主也日益增多。所有的这些活动都创造了新的工作岗位、带来了收入，或者单纯提供了食物。但这并非全部原因。沿海地区的生活环境对那里的居民的吸引力也是巨大的，这一点或许很难解释清楚，但是据民意调查结果显示，生活在沿海地区的人要比生活在内陆的人拥有更高的幸福指数和更健康的身体。

围海造陆

需求很大，但是空间却不够。这是部分国家选择围海造陆的原因。这个想法并非最近才出现：荷兰很早就开始通过抽掉海水、建设防护堤，来开垦圩田。所以在这之后，荷兰的大部分地区就在海平面高度以下了。17 世纪以来，西欧已通过围海造陆的方法开垦出了 15000 平方公里的圩田。自此，迪拜、新加坡、日本等很多国家都相继开始使用这项技术。

随着人口向沿海地区的迁移，渔业和水产养殖业开始得到快速发展。2008 年，这两个产业创造了 1060 亿美元的财富和 5.4 亿个工作机会。同年，30 亿人口 15% 的蛋白质摄取来自鱼类。在某些地区，人们用的还是祖传的捕鱼方法，渔船和技术都几乎没有进行

▶ **马恩鱼市，十八山区，科特迪瓦（北纬 7°24'，西经 7°33'）**

几个世纪以来，科特迪瓦的人口显著增长。1950 年，整个国家的人口才刚刚超过 250 万，现在却已经快接近 2500 万了。科特迪瓦每年人均消费 16 千克鱼肉。尽管是个沿海国家，但是它的鱼肉产量仅占鱼肉消费总量的 30%。

全球 70% 以上的超级大都市都建在沿海

随着工业化与全球化的推进，沿海城市得到飞速发展。如今，许多大都市同时也是大港口，例如新加坡、上海、大阪、神户、纽约和鹿特丹。一半以上人口超过 100 万的城市都建在入海口或其附近。伦敦和首尔就是其中两个。

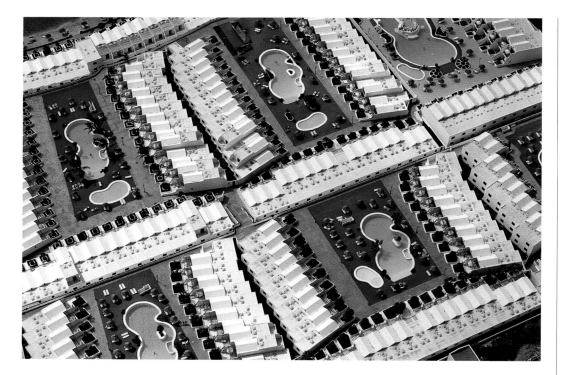

▲ 阿雷西费附近的酒店式公寓，兰萨罗特岛，
加那利群岛，西班牙
（北纬 29°00'，西经 13°28'）

西班牙兰萨罗特岛位于摩洛哥附近，属于加纳利火山群岛的一部分。这里阳光充沛，自1960年以来就吸引着众多游客。2011年，兰萨罗特岛的常住居民为12万，游客却高达170万人次，其中大部分是英国人和德国人。这里的海岸不仅吸引着大量的夏季旅客，同时也备受长居旅客的青睐，很多退休人士都会在一年中选一段时间来这里长住。因此，随着游客的增多，这里的城市化进程也持续快速加快。

过现代化改造。但是工业化国家出海的很多都是真正的工业船，它们在全世界海域大范围捕鱼，造成海洋的过度捕捞现象。不要忘记的是，出海的风险仍然是很高的：每年都有约2.4万渔民葬身大海。

现在全球鱼市上销售的鱼类中一半以上都来自水产养殖。全球共有1100万个水产养殖场，其中90%在亚洲。大部分亚洲的养殖场设在淡水中，而海水养殖场就几乎全都设在海岸了，海岸也因此面临污染的风险。从1992年至2009年，水产养殖业的增长幅度达到了245%。

与日俱增的环境压力

伴随着人类的扩张，人工填海的现象也开始增多。在某些地区，尤其是旅游业发达的地区，海岸已经被各种建设弄得面目全非了：西班牙白岸地区就是其中的一个代表。这里是西班牙城市化程度最高的地方，96%的海岸线都被混凝土加固了。此外，废水经常未经处理就直接被排入海洋，蜂拥而至的游客将垃圾随手丢弃，这些现象都加剧了环境压力。

不管是为了满足耕地还是建筑用地的需求，人类的做法都严重危害到了重要却脆弱的沿海生态系统：湿地。湿地指的是和沼泽生态系统多少有些接近的一个完整的生态系统，对生物多样性来说极其宝贵：红树林、沿海沼泽、沙丘、潟湖和河口……在法国本土，25%的生物多样性都存在于湿地生态系统，然而它也是退化最严重的生态系统之一，20世纪以来它的面积已经缩小了67%。

红树林

在世界范围内，红树林——有着丰富生态系统的特别的沿海森林，在20世纪曾遭到最严重的砍伐：20年内有1/4的面积消失，也就是350万公顷，消失的面积主要集中在亚洲。造成这个现象的原因有几个，起初是由于城市化的兴起，接着是为了满足旅游业的需求。在热带地区，有时当地居民会为了发展旅游业而将那些环境较恶劣、土地泥泞、满是蚊虫的地区改造成建有酒店的沙滩。再后来，则是为了应对水产养殖业的增长：温水养虾业的扩张也参与了对红树林的破坏。为了给水产养殖场腾出空间，红树，这个生态系统中的基本树种，根部经常被推土机几公顷几公顷地拔起。

濒危的三角洲

尼罗河三角洲宽240公里，是地球上人口最稠密的地区之一，每平方公里的人口数高达1000人，位于一个人口呈现爆炸式增长的国家：从1950年到2010年，埃及人口翻了4倍。和其他河口一样，尼罗河三角洲也形成了一个特别的生态系统，咸水和淡水在此交汇融合。然而，生态系统的平衡却在面临威胁。在河流的上游，阿斯旺大坝阻挡了大量沉积物的流入，土壤的肥沃度因此降低，水土流失现象也开始逐渐显现。随着水流的减小，水体的含盐量也上升了。在河流的下游，伴随着气候变暖和海平面上升，海水逐渐占领内陆，有时一年能扩张100米，有些农夫已经开始尝试进口沙子阻挡海浪。这些沿海地区的地势十分平缓，海平面只要上升30厘米就能淹没200平方公里的土地。

糟糕的水资源管理造成了这些变动，导致灌溉作物的产量下降，对本就很脆弱的国家粮食安全造成了威胁。

必不可少的保护

除了受到人类活动的威胁外，沿海地区同样也面临着自然风险。2004 年的印度洋海啸（造成了 20 多万人死亡），2005 年新奥尔良的卡特里娜飓风（超过 1800 人死亡），2010 年法国的辛西娅风暴，2011 年 3 月的福岛海啸（约 2 万人死亡），都是近年来的证据。

然而，沿海生态系统却起到了提供保护的作用，尤其是红树林能减弱热带风暴和海啸带来的破坏性影响。因此，在 2004 年海啸发生期间，那些红树林最多的区域受到的损失是最小的。然而当灾害来临时，仅靠这个生态系统的抵御是不够的，况且人口密度的增长也在加大人员伤亡和物资毁坏的可能。

海平面的上升

自然灾害越频繁，海水一点点占领沿海土地、海岸被缓慢侵蚀的现象就越严重。随着格陵兰岛冰层的融化，至 21 世纪末，海水水位可能将上升 6~7 米，这是气候变化的结果。这对很多地区和这些地区的居民来说都是灾难性的，因为全球很大一部分人口生活在沿海。像图瓦卢这样的太平洋岛国居民很快就要受到威胁；纽约、上海这样的大都市的市民也将如此。在孟加拉国，一半人口都居住在海拔 5 米以内的区域，根据不同的评估方式，可预测到约 20% 的领土都将被海水覆盖，2000 万～4000 万人口将搬离海岸。《联合国气候变化框架公约》（UNFCCC）预测非洲将会有近 30% 的沿海基础建设面临危险，遭受洪水威胁的人口数也将从 1990 年的 100 万上升至 2080 年的 7000 万。

▲ 佛罗里达海牛（Trichechus manatus latirostris）及其幼崽，布鲁克斯维尔河，墨西哥湾，佛罗里达州

海牛和儒艮都是海牛目中最后的代表物种。海牛这种温和的动物可以一直活到60岁，体长可达5米，体重可至1.5吨。它们生活在红树林和热带河口附近，无法在20℃以下的温度中存活。它们是没有攻击性的食草动物，常以红树胚芽、水葫芦和藻类植物为食，每天的植物摄取量可达50千克。

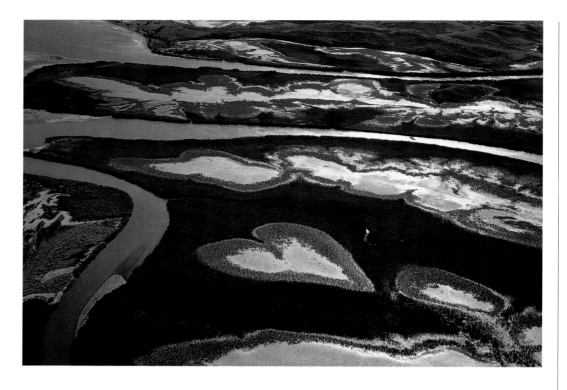

◄ 沃尔之心，新喀里多尼亚，法国
（南纬20°56'，东经164°39'）

海水只有在涨潮的时候才进入格朗德特尔岛内陆，植物在一些裸露且含盐量过高的土壤中并不生长，这类土壤被称为"盐沼"，在沃尔附近，大自然就将林中一块裸露的盐沼地勾勒成了一个心形。红树林，一种半陆生半水生的森林，生长在热带地区的淤泥里，暴露于潮汐中。红树群落中生长着大量的红树，以及各种各样的适盐植物（可以在盐土中生长），它们覆盖了全球近1/4的热带海岸。

全球20%的红树林遭到了破坏

这种生长于陆地与海水交界处的森林在亚洲和南美洲地区遭受的威胁最严重，威胁它们的主要是农业与水产养殖业。红树林作为地球上最丰富高产的生态系统之一，对大量物种起到了提供保护、提供食物和提供栖息地的三重作用。

图瓦卢

图瓦卢是这种状况的典型代表。图瓦卢由9个环形珊瑚岛群组成，最高点海拔5米，约有1万人口，正在遭受海平面上升的威胁。据专家预测，该群岛有可能将于2050年消失。图瓦卢议会已经开始计划移民。他们向澳大利亚和新西兰政府申请了签证，前者拒绝了他们，后者列出了一些接受图瓦卢人移民的条件。卡特雷岛，同样是一座太平洋小岛，它的1500位岛民2009年就开始撤离。其他岛屿也同样将移民提上了日程。根据一些有争议的数据，由气候造成的移民人数预计将达到数百万。

保护区

沿海地区应该得到保护。1975年，法国建立了国家海岸保护署，这是一个公立机构，专门负责收购沿海土地，让海岸免于承受房地产压力和城市化进程的影响，保持天然原生的状态。一旦收购完成，这些土地就不可再转让，并将被委托给当地市镇、世界自然基金会或鸟类保护协会这类机构进行管理。由于这项政策的实施，法国12%以上的海岸得到了保护，其中包括1200公里的海岸线和15万公顷的沿海面积。法国的长期目标是1/3的海岸能在2050年回归原生态。

沿海地区同样也受到国际公约、法律和政府机构的保护。1971年签署的《拉姆萨尔公约》起初旨在保护候鸟，后来逐渐完善成一部保护湿地这类极为特别的生态系统的公约。超过1950个地点被列入此公约的保护清单，其中包括低潮时水深不超过6米的浅海区、泥炭地、沼泽、红树林和珊瑚礁地区。到2011年，受此公约保护的区域已经达到1.9亿公顷。

生态旅游

并不是只有政府可以参与到保护环境的行动中。生态旅游的发展也对自然环境的保护起到了经济激励的作用，尤其是对海岸和沿海地区而言。举一个例子，2008年有近1300万人去看鲸和海豚。这项活动在全球创造了21亿美元的收益和1.3万个职位，同时鼓励了当地政府对生物多样性进行保护。

◀ 被摧毁的红树林，卡萨芒斯，塞内加尔
（北纬 12°37'，西经 16°33'）

持续的干旱、道路建设以及为了获得木柴而进行的砍伐，造成了塞内加尔部分红树林的消失。这种特殊的生态系统，生长在海水与陆地交界处的沿海森林，对当地居民和动物都有很重要的作用。这里是鱼类合适的庇护所，并能降低土壤的含盐量，使水稻得以在附近的土地进行种植。

每年有 4600 万人受到海啸的威胁

作为地壳运动十分活跃的地区，印度洋和太平洋受到的威胁是最严重的，一次海底地震制造的海啸足以摧毁它经过的一切地方。2004年12月，海啸给苏门答腊岛的亚齐省造成毁灭性的破坏，导致22.6万人死亡；2011年，一场海啸席卷了日本东部，导致约2万人死亡，并造成了重大的核灾难。

气候变化

地方性措施能有效地应对本地的环境威胁。但是面对像海水上升这类的问题，很显然光靠地方力量是无法应付的。只有在全世界都能意识到问题的严重性并且大幅减少温室气体排放的前提下，这个问题才有解决的可能性。但到目前为止，国际社会看起来似乎并未做好应对的准备。

适应未来

鉴于我们面对气候变化时近乎无动于衷的态度，海平面的上升已不可避免。而且，海洋的物理特性，即拥有巨大的热惯性，使得我们哪怕很快采取行动，海平面也仍将在未来数十年内持续上升。

如果气候变化无法阻止（科学家称之为"缓解"），那么就应该做好准备来面对由此带来的结果（用术语说就是"适应"）。越早采取行动，问题就越容易得到缓解，付出的财力和精力就越少。因此我们必须提前做好准备。总的来说，一共有三种选择：坚守现有的土地面积，适应海水的上升，或者直接撤退。在实际情况中，往往是三种方法并用的：建设堤坝，将建筑物向内陆迁移，适应它们，修复湿地。而这样的适应同时也包括通过预判会遭受洪水的地区、提供所需的保障措施和所需的饮用水的量，来限制海平面上升所造成的影响。

即便如此，若海平面上升的幅度过大，而我们又不能解决问题的根源，也就是温室气体的排放，这些措施的收效仍将是有限的。

专 访

红树林就是村民的生命

海德尔·艾-阿里（HAïDAR EL-ALI）

海德尔·艾-阿里深爱大海，他将自己的潜水俱乐部变成了环境保护协会。数年以来，他都奋战在反对过度捕捞和说服塞内加尔村民保护红树林的最前线。多亏了他的努力，数百万株红树得以被重新种植。2012年，这位"一线战士"被任命为塞内加尔生态环境部部长。

几年前您就和您的组织"海洋群落"（Oceanium）开始重新种植正在从卡萨芒斯和辛-萨卢姆三角洲消失的红树林，为什么？

红树林能阻止海岸土壤含盐量的上升，因此对保持土壤的肥沃、保证水稻的种植起到重要作用。而且红树作为红树群落中的主要树种，能为居民们提供木柴。

"数十年以来，塞内加尔红树林的面积减少了近40%"

蜜蜂很喜欢红树的花，所以红树林也可以用来产蜂蜜。这里是鱼类的温床，能够直接确保塞内加尔村民的一部分食物来源。红树的芽和树皮可以用来做药材。红树是自然财富的源泉，放眼全球，它能吸收二氧化碳还能保护海岸免受侵蚀。红树林就是村民们的生命。

塞内加尔红树林消失的原因有哪些？

起初，在20世纪七八十年代，红树林饱受干旱之苦：河流干涸，土壤含盐量随之上升，导致了树木的死亡。接下来，在20世纪八九十年代，树林持续被破坏：为了能连通很多偏僻的村庄，人们修建了大量道路，这些道路工程截断了卡萨芒斯三角洲部分区域的水循环。此外还有大量红树是被村民们砍伐的，用来煮饭烧菜、生火取暖。

您是如何保护这些红树林的？

2006年，我们一共300人在一个单独的村庄里重新开始种植红树，种成了6.5万棵。红树林重生了，这次的成功和经验被广泛传播开来。第二年，其他16个村庄也加入进来，所有村庄一起栽种了50万棵红树。2008年，我们决定使栽种的红树苗数量翻10倍，而这一目标最终也达成了：2008年的9月和10月，在伊夫·黎雪基金会的资助下，超过600万棵树苗被种下。之后，2010年，达能集团为我们提供了财力上的支持，帮助我们再次扩大种植规模。2011年，我们动员了7万人一起种植7000万棵红树。这就是人们的热情！

您是如何做到成功动员这么多人的？

我和我的"海洋群落"协会花了好几年的时间，开着一辆电影放映车去全国各地，向村民们宣传红树林的重要性，劝说他们和我们一起重新栽种红树。我总是使用同样的方法：通过和大众探讨来找到可行的解决办法。要对他们说真话，说心里话。

"今天，我们的口号就是行动，空谈必须即刻停止。"

谈论的内容不要脱离现实，因为如果我们和卡萨芒斯、塞内加尔或非洲人民抽象地谈论气候变暖，他们是不会被我们说服的，但若我们能从他们身边、与他们切身利益相关的事物切入……向他们解释大海并不能永存，鱼类的消失会带来饥饿和失业，要为了自己而拯救地球。这不是为了花草树木、虫鱼鸟兽，是为了我们自己！

您的红树林恢复和补植项目现状如何？

每一位公民，每一位塞内加尔人，都应该明白采取行动、保护环境的紧迫性。我们要做的只是种一棵树而已。如果这一步成功了，这场战役就打赢了。今天，我们的口号就是行动，空谈必须即刻停止。

红树林的存在对海洋生物多样性的繁衍起到了至关重要的作用。这是您建立海洋保护区的原因吗？

2002年，在塞内加尔南部，辛-萨卢姆三角洲的入海口（由辛河与萨卢姆河共同形成的，距离达喀尔南部130公里），我们关闭了邦布水道，并且设立了一个海洋保护区。这个保护区由附近14个村庄的代表共同管理，代表们每三个月会聚集在一起讨论需要采取什么行动。多亏了这个保护区的设立，之前在这个区域消失的20来个物种又重新出现了。因为鱼类会向外扩散，周边的渔场也得以丰富。周围的渔民也同样从保护区受益。与此同时，妇女们得以重新开始养殖生蚝，赚取额外的收入。因此，这个海洋保护区的设立改变了这里很多人的生活。这里的居民现在不仅能赚到足够的钱养活他们的家庭，并且还能做到保护环境！

您成为部长时，渔业资源的状况如何？

渔业领域还有很多要做的，还有很多应该得到改变的不合适的做法。海洋保护区管理部门的任务就是取得当地渔民的同意，建立更多新的海洋保护区。

其实在我看来，海洋空间应该被划分成三大块：三分之一的船舶捕捞区、三分之一的个体捕捞或者说是岸边捕捞区，再加上三分之一的海洋保护区。而最后的这个三分之一可以确保前两个区域的资源稳定维持。因为只要恢复鱼类的居住地，它们就能不断繁殖。

然而，仅仅设立一些海洋保护区是不足以对抗工业化捕鱼所造成的破坏的。要知道数年来，资源都掌握在黑手党和腐败分子手里。他们不断进行掠夺，摧毁了全国的渔业资源。

亚洲人和欧洲人开着拖网渔船来到我们国家，肆意攫取这里的宝贵资源。（据塞内加尔渔业部长帕佩·迪乌夫所说，这个产业的出口额占全国出口总额的32%，提供了70万个长期或临时岗位。）

这也是为什么您会在2012年5月要求撤销外国拖网渔船的捕鱼许可吗？

新一届政府一上台就宣告废除了这些协定（由上届政府以不透明的方式签署，并与塞内加尔本国的规定相冲突），我们为个体渔业专业人士提供了帮助。（据国际绿色和平运动，仅29条外国拖网渔船的捕鱼量就相当于几万条塞内加尔个体渔民的独木舟60%的捕鱼量。）

当地渔民很快就看到了废除这个政策带来的效果，他们发现小沙丁鱼重新出现了。然而这还不够。因为鱼有两类：一类是像小沙丁鱼这样的，能够快速繁殖，只存活一年半时间。对于小沙丁

鱼、沙丁鱼以及竹笑鱼来说，解决办法是存在的：将部分渔场围起来，让这些鱼的个体在这里长到成熟期，然后依靠繁殖来增加它们的数量。第二类是那些寿命和繁殖周期更长的鱼类，比如石斑鱼，它的寿命可以长达80年，恐怕我们只会徒劳无功。

您被任命为环境部长之后有什么改变？

这个任命改变了我所采取的行动的影响范围。以前，我是在村庄当地做工作。这种基层运动体现了它的效果，带来了成效。今后，这项运动可以在国家、行政机构、海洋与森林部门的带领下在全国范围内继续开展下去。任命前后的变化当然是很大的，作为一个非政府组织，我们是在地方层面上做决策的，而作为一个部长，要从国家甚至全球的层面上做决策。让我们重新回到过度捕捞的问题上来，因为它很重要，尤其是对那些想逃到西班牙去的年轻人而言：很明显，当他们看到欧洲国家意图贿赂我们的部长，诱惑他们签署虚假协议，掠夺我们所有的鱼，自己发财，他们也会想分一杯羹！但是以后绝不会再这样了！

传统捕鱼法,阿比让和大巴萨姆之间,科特迪瓦
(北纬5°13',西经3°53')

科特迪瓦的渔民每天都会冒着巨大的风险穿越"障碍带",这片区域经常巨浪滔天。渔民的经验能帮助他们判断海浪什么时候会减弱,并抓住这个时机驾着小渔船出海。这道天然的屏障覆盖了整个几内亚海湾,使得海湾沿岸国家与世界其他地方隔绝开来,这种情况一直持续到了19世纪。但是在今天,随着尼日利亚(非洲最大的产油国)和安哥拉(碳氢化合物资源丰富)的发展,几内亚海湾正在成为世界上最具地缘战略意义的地方。

大砗磲(Tridacna gigas)的外套膜,金曼礁,美国

砗磲是世界上最大的贝类。它的长度可达1.5米,人类发现的最重的砗磲有333千克。它的外套膜之所以呈蓝色,是因为有一种藻类共生在它的组织内,这是一种虫黄藻,与在珊瑚中发现的藻类很相似。当它的壳关闭时,壳瓣所施加的压力就形成了一个真正的陷阱,对潜水员来说这是致命的,因为他们的脚有可能会不小心滑进去。砗磲常被用来当作首饰、宗教用具或食物,不过今天已经得到了保护。

米林湖的牛群,蓬塔马格罗附近,罗恰省,乌拉圭
(南纬34°07',西经53°44')

米林湖位于南美洲大西洋沿岸,处在温带和亚热带区域,是一个约4000平方公里的大型淡水湖。它西边的那一半位于乌拉圭,占乌拉圭总面积的18%,东边那一半则位于巴西。这个牧区处在平原和沼泽之间,吸引了大量候鸟,米林湖的沼泽是地球上15条主要的候鸟迁徙路径之一。

保护水域的一群紫色蝎子鱼(Scorpis violacea),普尔奈茨群岛,新西兰

普尔奈茨群岛位于新西兰北部。从1981年起,群岛的沿岸水域就被一个800米宽的保护带保护起来了。在这里,船只的通航和停泊都被严格规范。除了科学考察船,其余外来船只一律禁止靠岸。这片岛屿是各种鸟类的天堂,对被记录的20万对䴉而言尤其如此。

阿萨勒湖的卡劳河口,吉布提
(北纬11°37',东经42°23')

阿萨勒盐湖是非洲的最低点,位于海平面以下155米。阿萨勒湖的气温极高,凹陷的湖泊就像一个大火炉,加速了湖水的蒸发。这里每年都会有一到两次的强降雨,每次持续几十个小时,给流入阿萨勒湖中的河流提供了充足的水量。它们携带的碎屑沉积物(卵石、沙子和土壤)和矿物盐,在强烈的蒸发作用下于玄武岩河床上形成结晶,留下了奔涌的河水的痕迹。

生活在海葵中的虾(Periclimenes sp.),金曼礁,美国

这种虾的身体是半透明的,使它得以在海葵中藏身。在动物界,物种之间存在几种不同类型的关系。虾和海葵之间的这种关系被称为"共生",用来特指两个物种之间的这类关系:一方能受益而另一方也不会受损。这种虾可以从海葵身上获益,不仅能利用海葵来保护自己,还能借此收获部分食物,但海葵却并不能从中得到明显的益处。

库纳印第安人的居住地,罗伯逊岛,圣布拉斯群岛,巴拿马
(北纬9°31',西经79°03')

库纳雅拉特区共有约4万居民。库纳人是巴拿马的原住民,他们生活在加勒比海沿岸圣布拉斯群岛365座岛屿中的40来座珊瑚岛上。几百年来,库纳人都维持着半自治的状态,并从中受益,他们拒绝接受一切外来投资,但他们的收入中仍有部分来自旅游业。

红鳍笛鲷群中的佛罗里达海牛(Trichechus manatus latirostris),布鲁克斯维尔河,墨西哥湾,佛罗里达

佛罗里达海牛和普通加勒比海牛都是濒危物种。在国际自然保护联盟濒危物种红色名录上,这两个物种都被列入"易危"级别。人类的海岸活动让它们的居住地严重减少,误食废弃渔网和撞船事故也加速了它们的减少。但是它们最大的敌人之一是温度,在极端寒冷的情况下,海牛会因身体冰冷而变得紧张,然后成百地死亡。

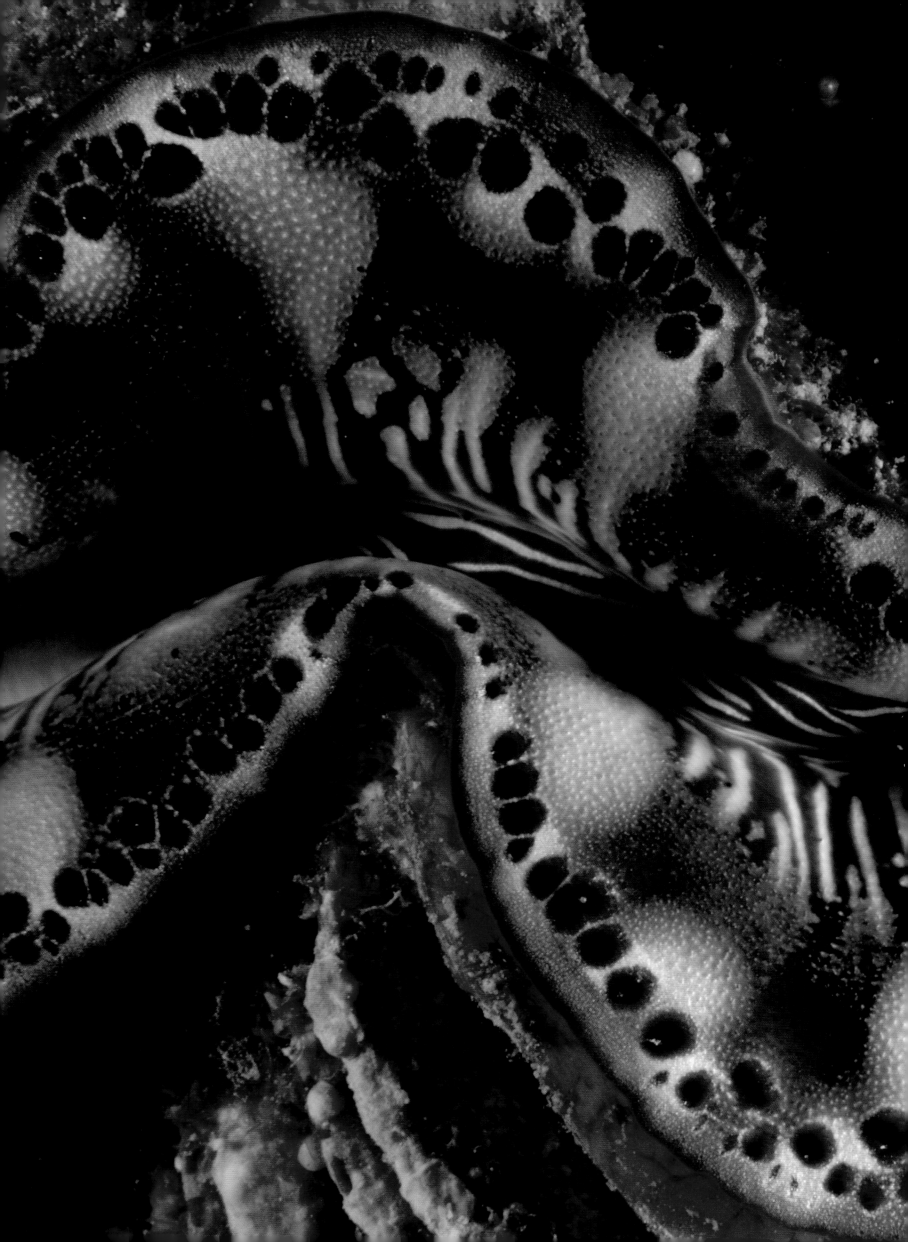

海洋：世界的垃圾场

2010 年 4 月 20 日，"深水地平线"石油钻井平台发生了爆炸。两天后，它沉入了路易斯安那州的近海海域。这是美国历史上最严重的一次环境灾难，也是有史以来第二大原油泄漏事故。在接下来的 3 个月的时间里，数亿升石油在墨西哥海湾扩散。

和"深水地平线"一样，托利·勘庸号、阿莫科·卡迪斯号、埃克森·瓦尔迪兹号、埃里卡号、威望号……提到这些船只的名字就能让人眼前立刻浮现被污染的海岸和满身油污的鸟类。然而，海上运输和石油钻井平台排放的碳氢化合物里，浮油仅占 10%，剩下的 90% 来自船只的操作性排放，常被称为"排气"或"排放压载"。因为在清洗船只油箱或压载水箱的过程中，大量含碳氢化合物的污水会被暗中排入海水，且通常情况下不会受到任何处罚，因此我们很难评估其排放量。据 2003 年世界自然基金会的一项研究估计，每年因排气而排入地中海的石油数量在 70 万~120 万吨之间，几乎是埃里卡号泄漏的浮油量的 50 倍！而即便如此，它也仅占排入海洋的碳氢化合物总量的三分之一。其余的三分之二来源于地面工业活动与家庭活动。在尼日利亚，每年在石油开采过程中都会出现因设施破坏而造成的泄漏，因这个原因排入尼日尔三角洲的油量与埃克森·瓦尔迪兹号事故中泄漏的一样多，约为 4200 万升，使这里成为全球污染最严重的区域之一。

事实上浮油只是在充斥着碳氢化合物的海洋中的小小一滴油。从几年前开始，浮油的总量甚至在减少，这尤其要归功于国际规定强制性地让油轮和其他类似油船加上双层船壳。然而，若将所有的海洋污染物都考虑进来，那么碳氢化合物污染还只能占到其中的很小一部分。因为大多数人类产生的垃圾和内陆制造的污染都会最终进入大海。

农业使海洋环境窒息

原油泄漏事故越来越少见，绿潮现象却出现得越来越频繁。法国布列塔尼沿岸就深受其扰，除了法国，中国、波罗的海、拉丁美洲也存在这种现象。成因如下：集约型畜牧业的发展，动物粪便的排放，以及氮肥的大量使用。这些有机矿物肥会渗入土壤，汇入河流，并最终流向大海，将多余的营养注入海水中，导致了海洋的"富营养化"，和其他因素——光照、升温以及有限的地理空间一起，为绿藻提供了适宜的繁殖环境。虽然绿藻只有在腐败的过程中才会对其他生物造成危险，但会破坏海滩及周边风景。而这还仅仅只是富营养化的其中一种形式。在其他情形中，过量的微藻会被其他微生物分解，这些微生物会不断进行繁殖，直到几乎消耗掉这个区域内的一切氧气。这时就会出现一个"死亡区"，在这个区域内，其他生命形式，不管是鱼类、甲壳类动物还是海洋哺乳动物，都会窒息而死。

这个死亡区的大小根据营养物的汇集、天气和洋流情况的变化而变化。据部分预测来看，全球可能有超过 400 个死亡区，自 1960 年以来，它的数量每 10 年翻一倍。其中最大的一个位于墨西哥湾和密西西比河三角洲之间。这条传奇大河流经大片农场和玉米地，每年携带着超过 100 万吨的氮和钾注入墨西哥湾，使得这片海域的死亡区面积超过

▶ 上东区，曼哈顿，纽约，美国
（北纬 40°46'，西经 73°57'）

纽约市有八百多万人口，而纽约州有近两千万人口。纽约人每天产生近 50 亿升的废水和 3.5 万吨垃圾。在数十年的时间里，被废弃于 2001 年的弗莱士河公园是这座城市的垃圾填埋场，它比埃及金字塔还要庞大，比自由女神像还要高 25 米。

每年有 65 亿千克塑料垃圾被倒入海洋

塑料的分解需要花费 100~1000 年的时间。塑料垃圾从排水沟注入河流，再以每秒 206 千克的速度入侵大海。尽管其中很大一部分都沉到了海底，但是仍有大量漂浮在海面，形成了一碗"塑料汤"，甚至在太平洋中形成了一块相当于 5 倍法国国土面积的"塑料大陆"。这些塑料破坏了海洋环境，对海洋生物的生存造成了威胁。

了 2 万平方公里。死亡区对当地经济造成了灾难性的打击，因为该地的经济很大程度上要依赖渔业，而这里此前还遭受过卡特里娜飓风和英国石油公司漏油事件的双重伤害。当地政府意识到问题并试图解决，但玉米种植的增加却导致问题变得更为严重。

海洋，垃圾的最终目的地

并不是只有农业活动才将污染物排入大海。不管是工业活动还是家务活动，以我们的消费方式为起点，海洋污染与地球上进行的任何活动都脱不了关系。玻璃瓶、塑料瓶、罐头、鞋子、废弃的渔网、烟蒂、棉签、打火机……所有这些垃圾都能在世界各地的海滩上找到，而清单还远不止这么长。据联合国环境规划署的报告显示，海洋中 80% 的垃圾来自内陆，剩下的 20% 则是被丢弃在海滩上或直接扔到海水中的。

据联合国称，60%~90% 的这些"水中垃圾"都是塑料制品。每年，有 65 亿吨塑料垃圾被倒进海洋，也就是每秒倒入 206 千克！其中一部分被卷入洋流，并形成垃圾聚集区，"大太平洋垃圾带"就是其中之一，也被称为"塑料大陆"，位于加利福尼亚州和夏威夷群岛之间，面积达 343 万平方公里，相当于整个欧洲的三分之一！

总的来说，海洋中 70% 的垃圾最终都会下沉到海底。有时会覆盖在海底表面形成一层地毯，阻碍海水与沉积物之间的交流，使在这个区域内聚集的生物多样性窒息。

看不见的污染

在许多发展中国家，80%~90% 的废水最终都排入了海洋。哪怕是在发达国家，排污

▲ 油菜田里一只自由漫步的母鹿，伊夫林省，法国（北纬 48°50'，东经 1°47'）

2008 年，在法国，农药以及与农药有关的物质的销量达到了近 8 万吨。尽管这个数量呈现下降趋势，法国作为欧洲最大的农业生产国，仍将是欧洲最大的农药消费国，位列全球第四，排在美国、巴西和日本之后。这些农药大部分都顺着径流流走了：在绝大多数的江河湖海中都能检测到农药，以至于卫生部门在某些地区限制使用自来水。而最终，这些农药残留物以及肥料和其他农业相关的物质都将被排进大海。

核试验

大量核试验在海上进行。自 1946 年起，美国就在比基尼环礁进行核试验，其中最重要的一个目的就是测试这类武器在舰队上的威力。1971 年，国际绿色和平运动进行的第一次行动，就是抗议美国在阿姆奇特卡这座位于阿拉斯加州的岛屿进行试验，并且让美国承诺停止试验。法国先是在阿尔及利亚沙漠进行了核试验，接着又继续在波利尼西亚、穆鲁罗瓦和方阿陶法岛进行了 193 次

系统也并不能拦下所有细菌和化学物质，保证其不进入海洋环境。有毒泥浆、溶剂、重金属、碳氢化合物、各种各样的酸性盐和各类残渣：工业有害垃圾被工厂倾倒在自然环境中，然后再排入大海，数量能达到每年几百吨。这些垃圾很难被量化，它们的产生不受任何管控也不在任何法律框架以内，但能对海洋环境和人类健康造成很严重的影响。铅和汞就属于这类垃圾。在几百种人类可食用的鱼类体内，它们越来越常见。汞对神经、消化、免疫系统，以及肺、腰、皮肤和眼睛都有严重的毒性。这也是 20 世纪 50 年代，日本水俣市沿海小村庄里几千人莫名死亡的原因。直到多年以后，我们才发现，死因是当地人日常食用的海湾鱼和贝被邻近工厂排放的氯化甲基汞污染了。

而细菌污染则主要来自人类和动物的粪便，一旦在海水中出现，就会让游泳的人患上肠胃炎、肝炎等其他疾病。在美国，每年有近 350 万人因公共海水浴场受到污染而染病，在欧洲，尽管建有水质净化站，因水质不达标而关闭公共海滩的情况仍日益增多。

2011 年，用来冷却核电站反应堆的被辐射过的水，被成千上万吨地排入日本近海，造成了大量放射性元素的扩散。然而海洋并不是第一次吸收这些非天然放射物。从最开始在核试验中残留的放射性物质，合法倒入海洋的放射性垃圾，到 20 世纪 80 年代的切尔诺贝利核电站事故，以及残骸仍在海底的美国天蝎号和俄罗斯库尔斯克号核潜艇沉船，海洋核污染从未停止。

公共健康

化学污染来源于工业中心和我们的日常使用品：过期的药品、化妆品、洗涤剂、去污剂、油漆等，这些物质在环境中扩散，不仅会污染海洋，也会影响人类健康。其中一

核试验。这种做法遭到了环保主义者的反对，于是1985年法国情报局（接下页）（接上页）组织将"彩虹勇士号"炸沉，造成一名国际绿色和平组织成员的死亡。在《全面禁止核试验条约》被批准之前，法国在太平洋上进行了最后一次核试验，这次试验颇具争议性。尽管法国已经对部分遇难者进行了补偿，但这类试验对军人、普通居民的健康以及环境的危害仍是未知和无法预估的。

▲圣布里厄海湾的绿藻，阿摩尔滨海省，法国（北纬 48°32'，西经 2°41'）

在布列塔尼，绿藻的爆发要归咎于农场对化肥的使用及动物粪便，尤其是商业性畜牧业排放的污水（猪粪和家禽粪便）。硝酸盐在雨水的冲刷下流入河流，并随着河流到达大海，促进了藻类的繁殖。当这些藻类被冲上海滩，它们会聚集在一起形成厚厚一层，然后慢慢腐烂。在发酵过程中，藻类会散发臭鸡蛋味的有毒气体，即硫化氢，若不小心吸入体内，野猪和马这类大型动物，甚至人类，都能被毒死。

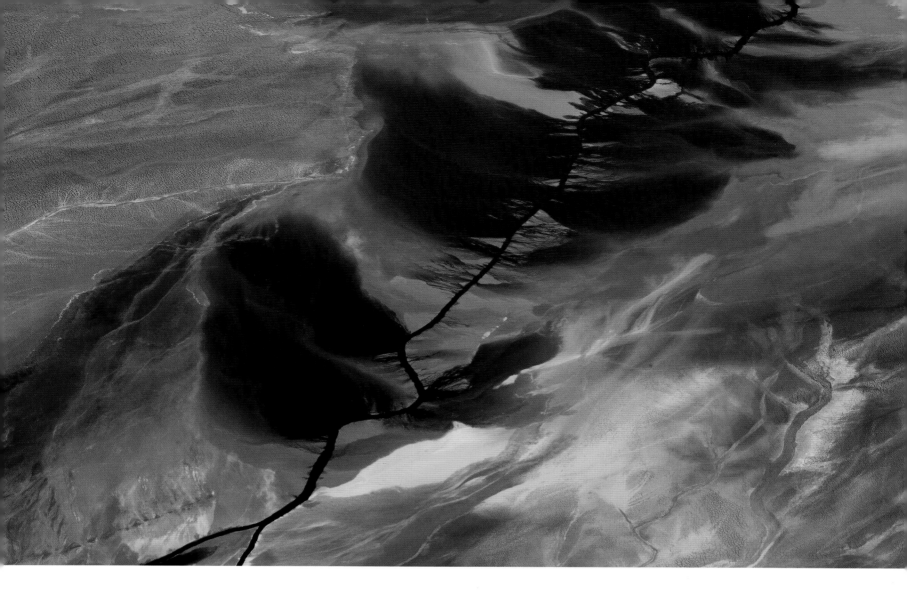

些污染会造成内分泌紊乱，造成生殖障碍（扰乱性成熟、降低生育率、引起生殖器官畸变、增加部分癌症的患病风险等等），导致行为障碍，甚至改变免疫系统。我们在部分长期接触内分泌干扰素（提取自服用避孕药的女性尿液）的鱼类身上做了一些研究，发现这些分子甚至可以改变鱼类的性别。

部分发现于水中、随水体运动的分子，比如重金属和持久性有机化合物，需要数年甚至数十年的时间才能在环境中被完全降解。它们的浓度随着食物链的推进而逐渐累积增高，这也是为什么在北极，海豹和海洋哺乳动物的肉会被严重污染，而这也威胁到了以它们为食的当地土著的健康。虽然最近的工厂也离这里有几千公里的距离，但这片纯洁无瑕的白是骗人的：海洋已经成为一个垃圾场。

▲乌代布尔附近的一个磷酸盐加工厂的处理池，拉贾斯坦邦，印度
（北纬 24°36'，东经 73°49'）

在拉贾斯坦邦，人们会从矿石中提取大理石、褐煤、镉和磷酸盐。人们经常能在露天环境中发现这些矿石资源，并现场进行加工。因此，因大理石宫殿闻名于世的乌代布尔不仅是印度最美的城市之一，同时还毗邻全印度唯一的天然磷酸盐矿和它的加工厂。磷酸盐被用来制作肥料，常随着水流入大海，造成海水的富营养化。

专 访

塑料大陆

查尔斯·摩尔（Charles Moore）

他既是航海家也是海洋学家。他成立了艾尔加利塔海洋研究基金会（Algalita）。1997年，在返航途中，他穿越了太平洋甚少被人了解的一片区域，并遇到了大面积的塑料残骸：这就是"塑料大陆"。

您1994年成立艾尔加利塔时，塑料制品还不在这个基金会的任务范围内，对吗？

当我成立艾尔加利塔海洋研究基金会的时候，它的第一个任务和海洋中的塑料没有任何关系，而是与保护巨藻丛有关，这种生态系统由几十米长的巨型海藻组成，和陆地热带雨林有点类似，通常长在气候温和的海岸，因此必然也会受到来自陆地的污染物的影响。艾尔加利塔致力于通过努力改善海水质量，尤其是加利福尼亚沿岸海水的质量，来保护这种生态系统。

然后您就发现了塑料污染吗？

我在1997年发现了这片著名的塑料大陆。从那时起，我就和艾尔加利塔一起研究这类污染。1999年，我们带着更多的技术设备再一次去塑料大陆，发现其规模比我们想象中的还要大，因此，从那天起，艾尔加利塔的任务就完全改变，一心扑在抗海洋塑料污染上了。这种污染，不仅仅包括可见的塑料垃圾，也包括很多塑料微粒，其中大部分是肉眼不可见的。它们存在于海洋的每个角落，从北极到南极，无处不在。

这块塑料大陆究竟是什么呢？

这是一块塑料垃圾聚集区，各种大小的塑料残骸和微粒在洋流的作用下汇集在一起。最有名的聚集区，也是我们研究得最多的聚集区，位于太平洋北部。在洋流的作用下，周围的垃圾都向环流或者漩涡的中心运动。这片塑料最集中的地方覆盖了1万平方公里的海域。

为什么这块塑料大陆没有照片呢？

因为有海浪，而且海洋的表面不平，会反光，所以拍照时就会发现，照片上只看得到反光的海面，看不到海面下的东西。没有照片，就很难判断这块塑料大陆的面积和其中的塑料数量。但是我可以通过描述让你知道大概是一个什么概念：当船驶进这片海域后，我们几乎每分钟都能遇到十来个垃圾。科学家预测，海洋水体中的垃圾量可能要比我们从水面上就能观察到的多25倍，这说明海底其实还有大量塑料垃圾。但这是任何照片或卫星影像都无法向我们呈现的。

这些塑料是从哪来的？

和绝大多数海洋污染一样，这些被困在环流中的垃圾也来自陆地，尤其是亚洲东海岸（其中又以日本为甚）和美洲西海岸。

在公海区域的塑料垃圾，50%来自渔业活动，50%来自陆地。而在沿海区域，来自陆地的塑料垃圾能占到80%，甚至在某些区域能到90%。但不管怎样，这些塑料总归都是在陆地生产的，工厂是它们的主要来源。去年，我们发布了一份研究报告，是关于洛杉矶的两条主要排水河的。我们用了3天时间，就估测出了从这两条河排入大海的塑料垃圾量，有23亿个单位，3万吨！

这些塑料在海里会怎么样？

塑料无处不在。生物们会被塑料缠住或是吞食下大块的塑料。海鱼和海鸟会因腹中塞满塑料、无法进食而死。

而主要由于光照的作用，塑料垃圾会降解成更小的微粒。这些更小的微粒会扩散开来，在某些区域的数量达到一定程度后，就会成为食物链的一部分。因此，它可以污染到以海洋为家的所有动物。在北太平洋考察时，我们发现捕获的海鱼中，有35%体内都有吞食的塑料微粒。然后这些小鱼又会被更大的鱼吞食。对生态系统而言，这是实实在在的威胁。因为设计和纺织品工业会产生附着有其他污染物的塑料。这些塑料不断聚集、累积，最终对食物链顶端的生物如鱼类、海豚或鲸来说，是真正的毒药。

人类食用这些鱼，会面临哪些风险呢？

我们确实认为有风险，但到目前为止尚未能证实，这也是艾尔加利塔正在研究的一个主题。在确切的数据出来之前，我们是否应该避免食用某些物种，如受污染最严重的大型鱼类？因为它们寿命长，有时间累积大量的污染物。但是如果我们食用大量的小型鱼类，同样会有积少成多的风险。我认为，最好的方式是少量地食用小型鱼类。

"我们需要可以真正在环境中进行生物降解的塑料。"

在我们的日常生活中塑料无处不在，我们要如何限制它们？

我们需要可以真正在环境中尤其在海洋环境中进行生物降解的塑料。更重要的是，要重新定义塑料制品的价值，推动其整体可循环化。要确保塑料要么被好好保存，要么被循环利用，而不是被焚烧或者被丢弃在自然环境中。一旦它们进入大海，一切就太晚了。

**波罗的海上的小岛，波卡拉，芬兰
（北纬60°00'，东经24°20'）**

波罗的海是全世界受污染程度最高的海域之一。这片海几乎完全被丹麦海峡包围，全部水体的更新需要超过30年的时间，而且海水温度很低，极大地减慢了污染物降解的进程。因此，现在这里的鱼类已被严重污染（二噁英、多氯联苯），甚至可以说是带有毒性的，被禁止在欧洲市场上销售。自从1992年波罗的海国家理事会成立以来，对这片脆弱海洋的保护就成了重中之重。2004年，国际海事组织给波罗的海颁布了一项特殊的条例，赋予沿岸国家对石油运输制定标准的权利。

**远洋白鳍鲨
（Carcharhinus longimanus），
巴哈马，大安的列斯群岛**

远洋白鳍鲨和它的名字很相符：Carcharhinus是希腊语karcharos和rhinos的衍生词，意思是"尖尖的鼻子"。而它们长长的胸鳍则赋予了它们名字的另一半longimanus，意思是"长手"。这种鲨鱼很容易通过它的长胸鳍以及背鳍上的白色斑点辨认。它广泛分布在地球的热带和亚热带海洋中。

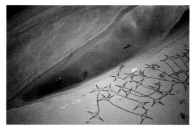

**沙滩上的渔网，穆莱布塞勒汉，摩洛哥
（北纬34°53'，西经6°18'）**

为了应对海水中渔业资源的减少，发达国家采取了严格的捕鱼管制，同时也在尝试去更远的海域获取资源。于是欧盟和部分欧盟以外的国家签订了约30份协议，以便能进入这些国家的渔场捕鱼。尽管能得到补偿，有外汇贡献和使用费，这样的交易也还是将鱼类的蛋白质资源从贫穷国家居民的手中夺走了。

**被螺旋桨弄伤的佛罗里达海牛，
佛罗里达，美国**

佛罗里达海牛是受机动船碰撞影响最大的物种之一。一项1995年进行的研究显示，在被研究的佛罗里达海牛中，有97%身上都有船只螺旋桨造成的伤疤。这种碰撞甚至可能是造成25%的海牛死亡的原因，也是海洋生物的主要威胁之一。因此，保护区的建立既要考虑到人类活动，也要考虑到船只的主要航道的路线。

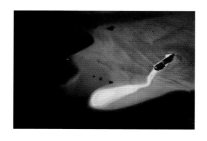

**诺康伊环礁湖的中央小岛，松鼠岛南部，新喀里多尼亚，法国
（南纬22°43'，东经167°30'）**

新喀里多尼亚经常让人觉得是人间天堂。但这里其实也是地狱：1863年，法国将这里好几座小岛改造成苦役犯监狱，2.2万人曾被流放至此，其中就有巴黎公社的支持者，包括1871年被流放的路易斯·米歇尔[1]。直到1946年殖民法被废除前，苦役者和移民者都拥有比当地土著卡纳克人更多的权利。如今卡纳克人已经获得了自治权，但是紧张的关系仍在持续。1998年努美阿条约签署以后，卡纳克人开始和法国政府分享新喀里多尼亚的主权。

**黄鳍刺尾鱼
（Acanthurus xanthopterus），
尼库马罗罗岛，太平洋，基里巴斯**

凤凰群岛的保护区由一部分海洋和一部分陆地组成，覆盖了南太平洋上408250平方公里的面积，是世界上最大的海洋保护区之一。这个包括了凤凰群岛（组成基里巴斯的三大群岛之一）的区域养育了约800种已知物种，其中有近200种珊瑚、500种鱼类、18种海洋哺乳动物和44种鸟类。

**上海近海区域的渔船，中国
（北纬31°12'，东经121°30'）**

拥有长达1.8万公里的海岸线，中国是世界上渔船数量最多的国家，共有近28万条机动船，凭借渔业养活了约800万人口，其中有332万是渔民。在1990至2010年之间，中国的捕鱼量从3500万吨上升到了4800万吨。

**在被遗弃的海虫洞中的寄居蟹
（Paguroidea），日本**

寄居蟹是一种腹部没有壳的甲壳动物。这个特性迫使它们必须找到可以寄居的空壳、海虫的洞穴或者海绵来保护自己。在成长过程中，寄居蟹必须换壳，这个过程会将它们暴露给捕食者，并且引起同类之间残酷的竞争。部分寄居蟹和海葵共生，海葵长在它们借来的外壳上，并保护着它们。

1　路易斯·米歇尔，巴黎公社英雄，被誉为"蒙马特尔的红色姑娘"，文豪雨果为她写下诗篇《比男人还伟大》。公社失败后被流放新喀里多尼亚近10年，著有《公社》《回忆录》等。

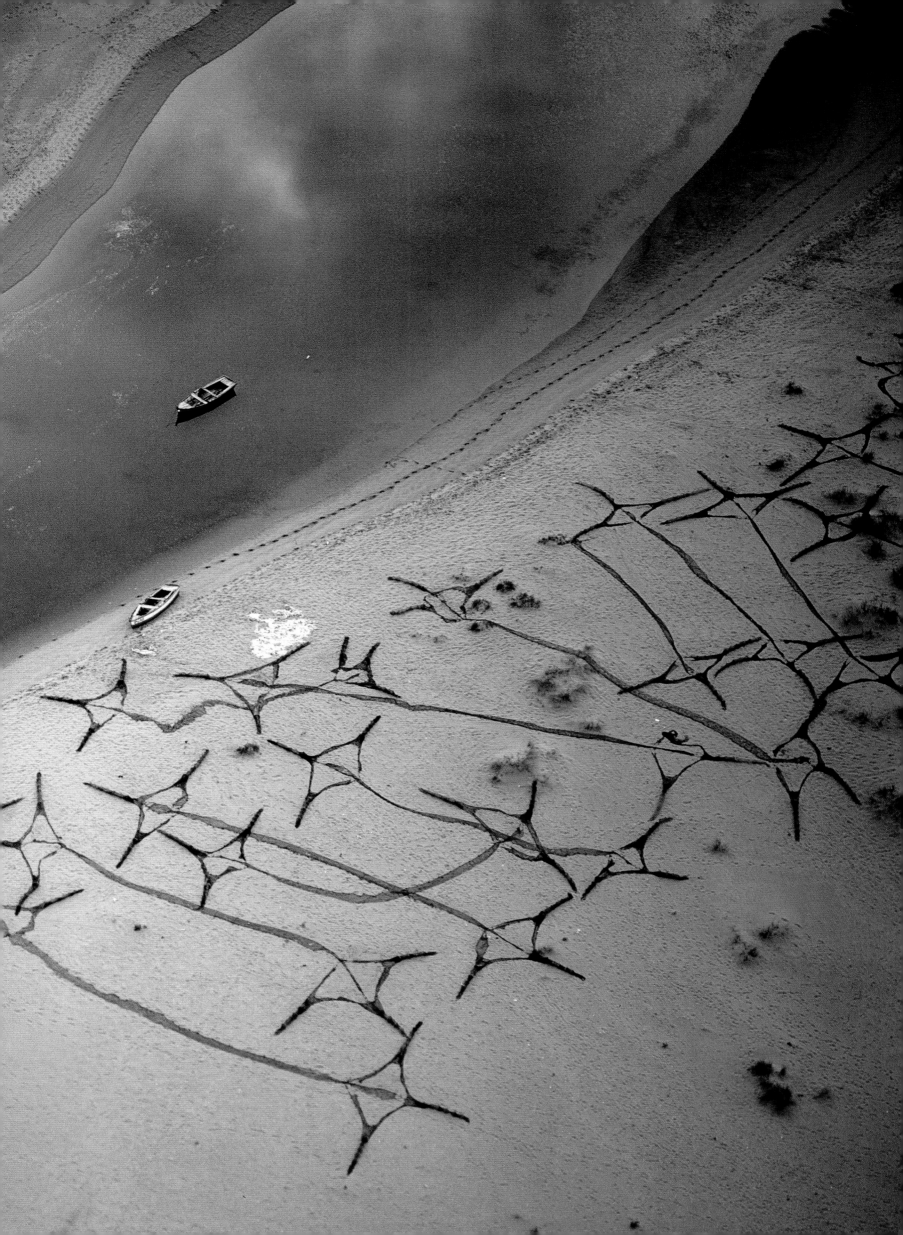

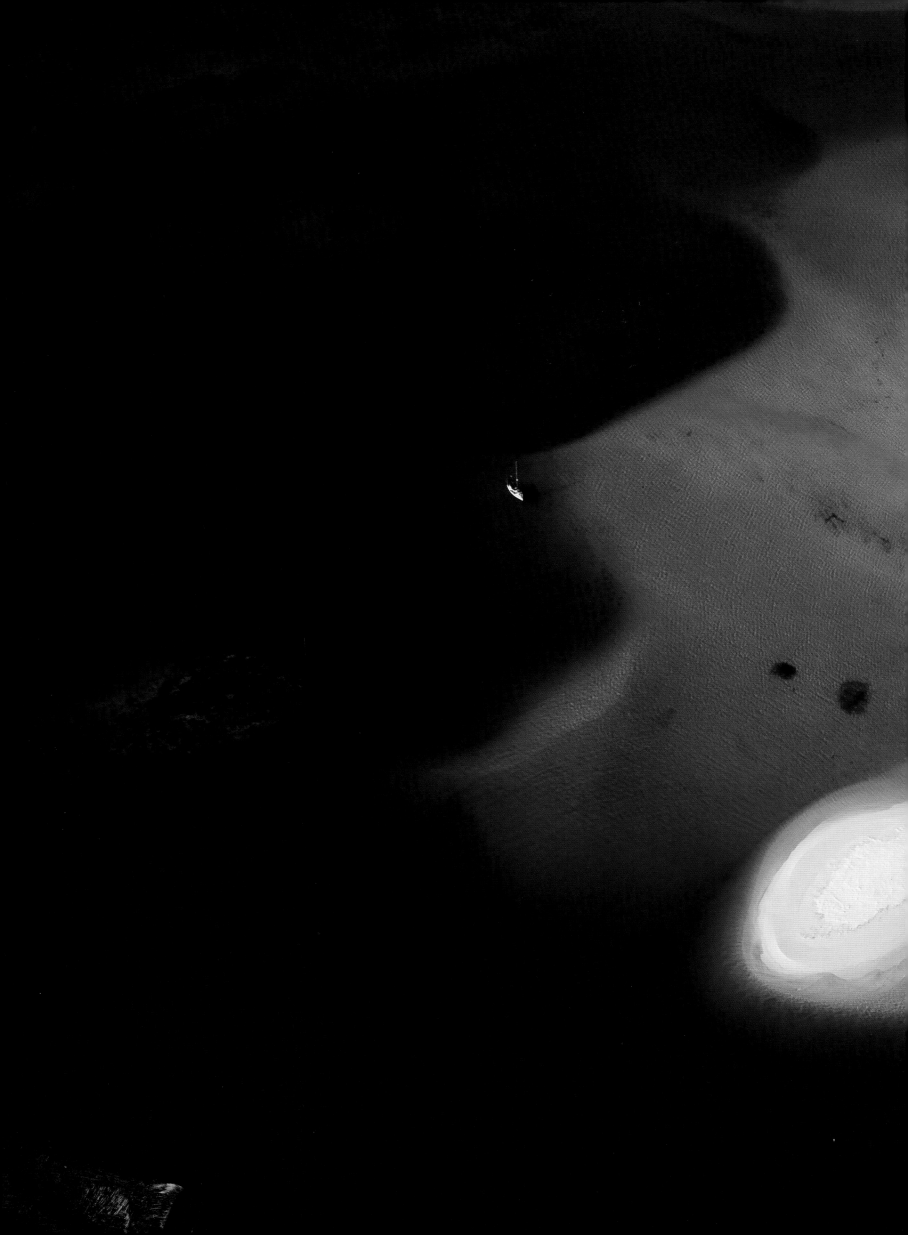

过度捕捞，崩溃的威胁

庞大的鳕鱼群占据着北大西洋的纽芬兰岛海域，直到最近也仍是海洋杰出繁殖力的代表之一。这种鱼群的规模和密度曾在15世纪震惊了首批来到这里的探险家，在3个世纪内，欧洲几乎所有的食用鱼都来自这个鱼群。直到1950年，渔民们每年捕获的鳕鱼数量都高达25万吨！这样的捕鱼量本可以一直保持下去。

以前，人们是用鱼钩捕鱼的。而在第二次世界大战后，一种人们从未见过的船只来到了纽芬兰岛海域：这些巨大的拖网渔船（德国的、英国的、苏联的、西班牙的等等）可以在海底张开巨网一天24小时不间断地工作，用动力极佳的起重机将成群的鳕鱼拉回船上，再将它们当场冷冻。在短短的几年内，捕鱼量疯狂增加，并在1968年达到了每年81万吨。然后从增速放缓过渡到逐年递减，直到最终崩溃。1990年，加拿大沿海一带97%的鳕鱼都消失了，在部分离海岸特别近的区域，鳕鱼甚至已经完全消失了。因此在1992年，加拿大政府宣布关闭纽芬兰岛海域的全部渔场，此举激起了渔民们的愤怒，因为这导致了4万人失业。这个地区在很大程度上依赖渔业，禁渔之后，经济也跟着崩溃了。

这些渔船开始重新寻找其他海域捕捞其他鱼类，但是，在禁止捕捞鳕鱼的政策在北大西洋实行了20年后的今天，鳕鱼的数量好像才刚开始有恢复的迹象，但始终都没达到1960年数量的10%……

可怕的效率

很多专家都担心纽芬兰鳕鱼的崩溃将会在全球渔场中广泛发生。因为在过去的半个世纪里，或者说在很短的时间内，渔业的规模和性质都发生了翻天覆地的变化，严重危害到了世界海域的鱼类数量。但是由于这个过程是在远离海岸的海底进行的，公众往往察觉不到由此带来的巨变：在超市里，货架总被摆得满满当当。如果想了解这场危机的程度，不妨去看看联合国粮农组织提供的数据。这份数据经常被批判为过于保守，因为它是基于各国的政府报告做出来的，并没有将休闲渔业和用于渔民自己日常食用的捕鱼量算进去。尽管如此，这份报告仍指出：从1950年到1990年，全球年捕鱼量翻了3倍多，从2000万吨上升到9000万吨。之后的数据再也没有达到过这么高了，全球捕鱼量已经不再上升，甚至开始逐年下降……

在短短40年内，人类是如何做到将海洋捕鱼量增加到4倍多，达到年总量9000万吨这样一个史无前例的数字的？正如我们在鳕鱼这个例子中提到的，这是由补贴极高的（现在仍每年补贴200亿~300亿美元）工业化的捕鱼方法、快速发展的捕鱼技术以及低廉的石油价格所导致的。那些最大型的船被改造成更大、更耗能的浮动工厂，它们能在鱼类被捕获之后立即将它们包装好，因此能长时间地漂浮在海上。这套配置让船只可以尽量远离它们的母港，开拓新的捕鱼区，在鱼类的潜在聚居区停留更长的时间，甚至停留到所有鱼群都被捕获干净。现在全球一共有约430万个这样的船只浮动工厂。其中2%

▶ 一场大西洋蓝鳍金枪鱼（Thunnus thynnus）的屠宰，地中海的一次传统捕鱼行动

西西里岛和撒丁岛的渔民今天仍在使用一种古老的捕鱼技术"matthanza"，也就是"屠宰"。每年5月到6月，蓝鳍金枪鱼都会移栖到地中海进行繁殖，因此渔民们可以等在它们的移栖路线上将它们捕获。渔民们首先将捕金枪鱼的网展开，接着将渔网收紧，然后驾驶船只逐渐向岸边靠拢。紧接着这场真正的屠杀就开始了：捕获的金枪鱼被钩子从海中拖出并被残杀。这种可怕的传统吸引了众多游客。

9000万吨

在1950年到1990年之间，全球捕鱼量翻了3倍多，从每年2000万吨上升到了9000万吨。此后，这个数量不再增长，甚至开始下降。

的最大型的船只长 25 米以上，吨位超过 100 吨，装备着大量机械化设备，人类正是驾驶着它们去捕鱼的：这几千条船捕获了全球大部分的鱼，对生态被破坏负有最大的责任。

船只尺寸的增加伴随着多种技术的革新，尤其是带有破坏性的技术。制造渔网时尼龙和其他聚合物的使用加大了它们的面积，延长了它们的使用寿命，并降低了它们的价格。远程探测系统和导航系统（声呐、雷达以及更近的 GPS）日益精进，渔民们可以用它们来定位鱼群，在海面上就能精确目标鱼群的位置。更重要的是，随着动力的增加，船只可以拖动更大的渔网抵达更深的海底，推动了对生态破坏最严重的一种捕鱼方法的普及：深海拖网捕鱼，就是用很大一张沉重的金属渔网在海底搜刮鱼群。

这种方法很明显需要巨大的牵引力，因此，全球平均每捕获 1 吨的鱼就要消耗 0.5 吨的燃料。

若仅从工业的角度来看，当前的这种方法是无法可持续发展的。全球捕鱼船的尺寸都大得令人担忧，导致太多渔民为了捕获珍稀鱼类而展开竞争，而要赢得竞争就必须有绝对的强势，每个人都会通过损害他人的利益，来尽可能地得到更多的资源。如果没有补贴，尤其是没有燃料补贴，当前的这种模式就可能无法持续下去。

恶性循环

捕鱼业正在走向自我毁灭：预示着资源将崩溃的信号已经越来越多了。从大概 20 年前开始，全球捕鱼量就开始缓慢下降，并且仍在持续下降中，尽管人类做出了越来越多的努力（技术、船只数量和功率），在鱼类资源快要耗尽的情况下，不断更换新的捕鱼区，寻找新的更脆弱的物种。捕鱼量可能马上就要迎来一次骤降，纽芬兰岛（或其他地方）的例子表明鱼类的数量变化有一条基准线，一旦它们的数量低于基准线了，鱼群就

▲ 西班牙沿海海域的蓝鳍金枪鱼，西班牙

海洋动物会吸收进一些有毒分子，比如重金属、铅、汞或农药，这种现象被称为生物累积。这些有毒分子留存在它们的体内，然后再通过食物链被传递到另一个物种体内，直到最终出现在我们的餐盘中。据一项美国的研究显示，美国人摄入的 40% 的汞都来自对金枪鱼的食用。为了能降低风险，包括欧盟在内的部分国家建议孕妇尽可能地减少食用大型鱼类。

一条金枪鱼 565000 欧元

2012 年 1 月 5 日，在东京筑地鱼市的一场拍卖会上，一条 269 千克重的金枪鱼被卖出了 565000 欧元，创造了新的纪录。

很难再恢复，且会立刻崩溃。

哪怕是谨慎的联合国粮农组织也在最新一次报告中指出，我们今天面临的情形要比以往任何时期都糟糕。据该组织称，超过半数的鱼群正在遭受最大程度的捕捞，因此捕鱼量的增加不可能毫无风险。1/3的渔场都在被过度捕捞，这意味着如果不尽快减少捕鱼量，这些渔场将面临崩溃的危险。只有15%的渔场还能承受住更多的捕鱼量！然而，近30亿人需要从鱼肉中获取15%或以上的动物蛋白，与此同时，渔业和水产养殖业也为约5480万人提供了收入和谋生手段。也就是说，渔业的崩溃可能会对人类产生巨大的影响。

水产养殖业：是出路吗？

在这种情形下，一些人希望人类仍然可以依靠水产养殖业，来保全鱼类带来的不可或缺的蛋白质。水产养殖业正在迅速扩大，尤其是在亚洲，以后全世界50%的食用鱼都将来自人工饲养。虽然捕鱼量已经停止增长，但全球人均鱼肉食用量却在继续上升，这是因为水产养殖业的发展弥补了捕鱼业的停滞……至少到目前为止还弥补得上。水产养殖业的增长率也开始放缓了。

事实上，水产养殖业的发展也不是没有限制的，尤其是肉食性鱼类（鲑鱼、金枪鱼、狼鲈、鲷鱼等）。为了保证它们的健康以及鱼肉的鲜美，通常需要给这些物种喂食磨成粉状的其他小型鱼类，如沙丁鱼、鳀鱼、鲱鱼等。然而，每千克的肉食性鱼类平均需要用3~5千克的这些小型鱼类喂养！从某种程度来说，水产养殖业参与了自然资源向北部国家转移的过程：绝大多数的鱼粉都用从南半球海水中捕获的鱼类制得，这些鱼类原本也是被人类食用的，而养殖场的肉食性鱼类却是被富裕国家的消费者食用的。此外，养鱼业要面临的污染问题和集约型畜牧业要面临的一样：高浓度的氮、抗生素，以及激素或其他添加剂的使用。

为了应对这些问题，一些水产养殖者开始致力于寻找一些方法，以便能最大限度减少对环境的影响。其中的一个方法就是放弃严格的肉食性鱼类（鲑鱼、狼鲈、鲷鱼），选择食草性或杂食性鱼类（鲤鱼、罗非鱼、鲇鱼、六须鲇等），这样就能增加鱼饲料中植物蛋白的比例，减轻对海洋的压力。此外，一项科学研究正在通过不同的方式，将不同的植物（比如马铃薯）搭配在一起做测试，尝试实现肉食性鱼类的部分食物"素食化"。与此同时，有机鱼养殖场开始出现，各种优化资源利用的方法也相继出现。在亚洲，人们开始在稻田中养鱼，鱼类的粪便还可以用作植物的肥料，看起来很有发展前景。还有一些生产者将海上养鱼和牡蛎养殖结合在一起，牡蛎可以为鱼类过滤掉海水中的颗粒物……这些不同的方法是否能保证水产养殖业跟上全球飞速上升的需求，时间会告诉我们答案。

希望我们能尽早得到答案。因为海洋的情况一年比一年糟糕，我们离捕鱼业灾难性的崩溃已经越来越近了。

休闲捕鱼

我们将一切不以商业为目的或用于渔民自给自足的捕鱼称为"休闲捕鱼"。这种捕鱼可以在淡水或海水、在沙滩边或海底进行。休闲式捕鱼包括很多种：钓鱼、用渔网捞、在岸边的沙滩或岩石上捡拾海鲜。通过这种方式捕获的鱼类没有特定的食用方式。一些业余爱好者会将这些鱼放生。这类活动的流行范围很广，据估计，全球约有10%的人口参与其中，其中法国就有超过250万人。休闲捕鱼对鱼类数量和生态系统的影响是不容忽视的：例如，法国的竞技捕鱼者捕获的狼鲈数量和专业渔民相当，每年有近5000吨。为了减小这项活动的影响，各地颁布了一些规定，用来限定每种鱼类被捕获的数目，特别是限定被捕获的鱼类的最小尺寸，以保证它们能有足够的生存时间进行繁殖。尽管如此，由于缺少关于捕鱼者的捕鱼方式和捕鱼数量的可靠数据，我们很难对休闲捕鱼的捕获量做出精确的估测。

32% 的现存鱼群遭到过度捕捞或已耗尽

根据联合国粮农组织提供的数据，50%的现存鱼群都承受着最大限度的捕捞。

筑地市场是全球最大的鱼市：每年有55亿美元的海产品在此交易。这里的雇员有6万人。一天之内就能售出几千条金枪鱼。这些鱼先被标上记号，然后在喧闹的拍卖行中竞拍。

◀ 金枪鱼之殇

每年被捕捞的金枪鱼总量占全球海鱼年捕捞量的5%——也就是420万吨。其中主要包括7种金枪鱼。鲣鱼最多，占总量的59.1%，主要用来制成罐头。其次是黄鳍金枪鱼，占24%，接下来依次是肥壮金枪鱼（10%）、长鳍金枪鱼（5.4%），排在最末尾的是3种蓝鳍金枪鱼（南部、北部和太平洋），一共占总量的1.5%。蓝鳍金枪鱼是其中体型最大也最受欢迎的。这7种金枪鱼分布在23个鱼群中，其中3个已在承受着最严重的过度捕捞，是东大西洋和地中海、西大西洋以及南大西洋的鱼群。如果不采取任何措施，放任过度捕捞的行为，这些鱼群可能就再也无法恢复了。

▶ 一条日本渔船上的金枪鱼

尽管保护大西洋金枪鱼国际委员会这类国际组织对金枪鱼的捕捞进行管控，过度捕捞的现象仍在持续危害着这个物种的数量。为了拯救这个物种，一些国家和非政府组织在2010年提出将蓝鳍金枪鱼列入《濒危野生动植物物种国际贸易公约》的名录里，但是被以日本为首的主要捕鱼国和消费国阻挠了。

专 访

我们还是低估了危机的规模

丹尼尔·保利（DANIEL PAULY）

丹尼尔·保利是温哥华英属哥伦比亚大学渔业中心的所长，是全球渔业资源领域最杰出的专家。他建立了世界上最大的海洋生物多样性数据库——鱼类数据库（FishBase）和海洋生命数据库（SeaLifeBase），他同时也是"我们周围的海洋"计划（Sea Around Us Project）的负责人，这个计划的任务是研究渔场对海洋生态系统的影响，并探寻捕鱼业的出口。

从科学的角度来看，全球捕鱼业处在怎样的状态？

在世界范围内，海洋的情况已经急剧恶化。我们正走在一条死胡同里，因为市场的需求和人类的捕鱼能力完全无法支撑鱼类的数量保持在可持续发展的那条基准线上。除了美国和澳大利亚，没有其他任何国家在切实地大幅减少捕鱼量。

"市场的需求和人类的捕鱼能力完全无法支撑鱼类的数量保持在可持续发展的那条基准线上。"

但是人们最近才意识到问题的严重性。这样的觉醒可分为两个阶段。第一个阶段是在20世纪90年代，专家们在那时开始察觉到这种或那种鱼群已经处在崩溃中了。渐渐地，人们开始清楚地看到这并不是个别现象，而是一种全球趋势。2001年，一项研究指出鱼类数量的下降既不是最近才出现的，也不是一个缓慢的过程。这项研究表明，从几十年前工业捕鱼开始以来，鱼类就在大幅减少了：生物量（鱼类及其他生物数量的衡量标准）不止减少了10%~20%，而是骤减了90%！要想弄明白鱼群崩溃的过程，就得从50年甚至100年以前的鱼群状况开始研究。

为什么跨度为20年的研究和跨度更长的研究之间存在差异？

今天被研究得最多的鱼群是那些现在仍可被捕捞的鱼群。但是其中却存在一些非典型情况，就是那些从过度捕捞中侥幸存活下来的。比如研究中用到的数据是根据北海鱼群的情况得出的，但却从未用到已经崩溃的毛里塔尼亚海域的鱼群数据。由于已消失的鱼群并不会被列为研究对象，所以被大部分科学家作为依据的研究数据都是完全错误的。

这个结论得到普遍认同了吗？

不幸的是，我们听到了很多反对的声音，其中包括来自科学界的。最传统的老派渔业专家们专注于研究近20年的情况，认为鱼群的数量是相对稳定的。他们完全低估了这场危机的严重性。目前，我们还无法让人们广泛认可这个观点。

"政治家们并不关心科学家的意见。"

然而，如果我们无法达成共识，又怎么能希望别人接受那些困难的解决方案呢？所以应该一遍又一遍地把那些显而易见的事实展示给大家。我们遇到的争论和气候变化遇到的是一样的：气候变化了吗？是人类造成的吗？是的。但是仍有很多人相信或主张相反的结论。就像伽利略可能会说："可地球确实在转动……"

即使是像您这么权威的研究者也难以说服他们吗？

我教世界各地的研究员评估鱼群状况。这样的评估是非常有必要的，因为到目前为止，全球渔场的数据仍然不完善、不稳定、不专业，或者仍无法获取。我们还需要继续收集数据。但是我每天都能感觉到全世界科学家在研究这个问题的时候，缺少合适的方法。而当他们好不容易有高质量的研究发表了，又很难引起政治家关注，因为政治家并不关心科学家的意见。这可能也和信息的表现形式有关：一般情况下，这些数据都是用图表的形式呈现，而这对公众和决策者来说是难以理解的。相反，电视天气预报却能用很简单的气象图将那些复杂的气象信息呈现出来，让所有人都能看懂。所以我和我的团队决定将这些渔业数据呈现在地图上，将世界或区域范围内的渔场情况直观地呈现出来。我们以这种地图的形式发表了人类捕鱼量变化的过程，展示了世界捕鱼业的可见事实。我们可以将地图提供给任何想要查看的组织。

科学界和各大组织协会之间存在分歧吗？

没有任何人会抛弃信息技术部门研究出的高性能电脑，而去选择算盘或老旧的计算器。但在环境领域这样的事却正在发生！科学的快速发展使人类对地球的了解越来越多，但是却没人对这个感兴趣。政府动用公共资金，也就是税收，来赞助科学研究，却不能从研究成果中获利。这也是为什么我开始尝试站在另一个角度思考，将我本人以及"我们周围的海洋"定位成科学家、非政府组织以及决策机构之间的桥梁。各协会和基金会其实是有效建立科学家和公众与决策机构之间的最好途径。比如在美国，人们可以就渔业资源的监管不力、补贴的滥用对政府部门进行投诉。虽然个人投诉十分罕见，但是非政府组织有足够的人力财力来贯彻这个举措。不过这些法律措施必须合法，且能得到科学界的认可。非政府组织不应再过滤科学界的讨论，而应参与其中。从某种程度来说，我们为他们提供了有力的论据。

回到捕鱼这个话题，具体来说，现在发生了什么改变？

所有研究人员观察到的第一个现象，就是渔区的南移。每个研究员都在自己的研究中发现了一点小变化，让我们意识到这其实是一个全球范围内的大变化。自1950年开始，渔业的中心区域就和节拍器一样，随着鱼类资源的耗尽速度，每年向南移动0.8个纬度。传统印象中留着大胡子、叼着烟斗、套着毛衫的布列塔尼水手形象已不再能反映现实。

"很多国家都有削减渔业补贴的准备，但他们担心这样会连带影响到农业补贴。"

北半球鱼群的枯竭，使得包括欧洲渔船在内的体型最大的渔船前往印度洋或南大西洋捕鱼，这些海域的鱼群曾经因为距离远且生活在较深的海底而得到了保护，现在却不得不开始承受过度捕捞带来的威胁。比如犬牙南极鱼，这种几年前完全接触不到、捕捞不到的深海鱼就是其中的一种。捕鱼的号角已在南半球吹响。只有实力最强的舰队才有可能加入渔业资源的争夺，这也使得贫困国家与发达国家之间的差距越来越大。这种转变同样也导致了捕鱼业的全球化，无人能说出海上的渔船是从哪来。比如，那些供应于欧洲和北美的船是由亚洲船东在巴拿马注册的黑船，而船上的船员是菲律宾人，船长则是乌克兰人。我们在捕鱼业进行的操作和我们在银行业进行的操作大同小异：脏的资本和干净的资本混在一起，蚕食着整个系统。

这样的转变和补贴有关吗？

当然有关：船队需要燃油，需要技术，补贴能支撑它们捕到更多更远、更深的鱼，是这场资源之战的关键。全世界每年发放的补贴高达250亿美元，其中有近20亿美元用于购买燃料和新船只。中国在非洲投入了大量资金，正在实现对欧洲的超越。

这些补贴也可以用来改善捕鱼的行为吗？

发放补贴可以是绝佳的改善捕鱼行为的途径。"我们周围的海洋"计划已多次和世界经济贸易组织据理力争，希望可以对补贴的发放进行改革。但是我们每一次的努力都没有结果。我认为补贴之所以和国家政策紧紧挂钩，是因为渔业和农业之间的关系。很多国家其实都做好了削减补贴的准备，但他们担心，在国际谈判或面对公众意见时，这样会连带影响到农业补贴的发放。美国就是其中一个例子。

那我们还有可能扭转形势吗？

不管对这个问题持乐观还是悲观的态度，我都认为很难仅就捕鱼这一个问题调动各方支持。在我看来，走出危机的唯一办法，就是在全球农业问题重新被提出的时候，借机"顺带"将渔业问题也一起解决了。因为就像我刚刚提到过的，渔业补贴和农业补贴的关系十分紧密。但是要做到这一点，首先就需要我们对地球的认识有整体的转变。

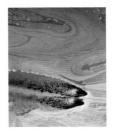

海虾养殖场的通风机，东港潟湖，中国台湾
（北纬22°26'，东经120°28'）

这个通风机是用来给养殖场水池供氧的。东港潟湖位于台湾岛的西南部，被划分成了很多个小块，用于水产养殖，其中又以高利润的海虾养殖为主。亚洲贡献了全世界虾类总产量的80%，其中斑节对虾占了大部分。由于虾类需要生活在温水中，所以虾养殖场都设在热带沿海一带，尤其在红树林中。

筑地市场上被做上标记的金枪鱼（鲔鱼），本州，日本
（北纬35°27'，东经139°41'）

在拿到鱼市拍卖前，金枪鱼被做上了红色的标记。卖家们一条一条地对它们进行仔细检查，观察它们的颜色、肉质、大小、形状，尤其是新鲜度，这些因素都会影响它们的售价。例如，鱼的脂肪含量高和切口血液流速快都可以确保这条鱼是刚被捕捞上岸的。由于金枪鱼数量的减少刺激了投机市场，导致价格在不断攀升。

育肥渔网中的大西洋蓝鳍金枪鱼，西班牙地中海海域

"金枪鱼育肥"技术就是指在抓获野生的幼龄金枪鱼之后，将它们关在渔网中喂养，将它们养肥。这类渔网主要在克罗地亚、西班牙、马耳他或土耳其一带使用，用这种方式养肥的金枪鱼经常被用来制作寿司。据联合国粮农组织称，这种做法不仅没有缓解对金枪鱼的过度捕捞，反而让这种情况更严重了。而且幼龄金枪鱼比成年金枪鱼更不易引发关注，对它们的捕捞将使对金枪鱼数量的评估更加困难。

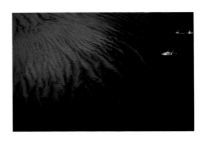

杰赫拉附近海域的渔船，波斯湾，科威特
（北纬29°20'，东经47°40'）

科威特位于阿拉伯半岛上，拥有290公里长的海岸和9座小岛，其中最有名的是科威特海峡入口处的法伊拉卡岛，距离底格里斯河和幼发拉底河河口不远。波斯湾，也称阿拉伯湾，覆盖的面积达23.3万平方公里，将阿拉伯半岛和伊朗分隔开来，它的名字起源于波斯，也就是今天的伊朗地区。

托尔托拉岛海底洞穴中的黑边单鳍鱼（Pempheris oualensis），英属维尔京群岛，小安的列斯群岛，英国

黑边单鳍鱼，俗称"刀片鱼"，生活在潟湖这类的浅海海域。白天，这些长约20厘米的小鱼躲在洞穴或珊瑚里。到了晚上，就开始出来捕食小型无脊椎动物和小鱼。

大蓝洞，灯塔暗礁，伯利兹
（北纬17°19'，西经87°32'）

这个备受潜水者们喜爱的地方属于被称为"中美洲大堡礁"的系统的一部分，有近1000米长，从尤卡坦州（墨西哥）顺着伯利兹和危地马拉海岸，一直延伸到洪都拉斯东北沿海，是世界上最长的暗礁之一，也是北半球最大的暗礁。大蓝洞地质独特，直径300米，深124米，形状近乎最标准的圆形，是一个因海水冲击石灰岩导致地下洞穴顶层塌陷而形成的深坑。

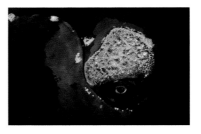

南露脊鲸（Eubalaena australis）的眼睛，奥克兰群岛，新西兰

鲸的歌声是海洋中最具代表性的声音。南露脊鲸发出的低频声波几乎无法被人类听见。而其他一些物种发出的声波是人类可以听见的。这些声波对鲸的交流、移动、进食甚至繁殖都起到了重要作用。

每种鲸发出的声波都是独一无二的。作为地球生命的见证者，鲸的歌声被收录进《地球之声》唱片中，并于1977年被带到了"旅行者号"探测器上。

拉贾安帕特群岛，西巴布亚省，印度尼西亚
（南纬0°41'，东经130°23'）

拉贾安帕特群岛（四王群岛）位于印度洋和太平洋之间，拥有丰富的海洋物种资源：鲨鱼、鳐鱼、珊瑚、绿海龟——这仅仅是其中的少数几种。这些群岛地理位置偏远，从雅加达到这要先坐6小时飞机，再坐船，因此从某种程度上保证了游客量不会过大。

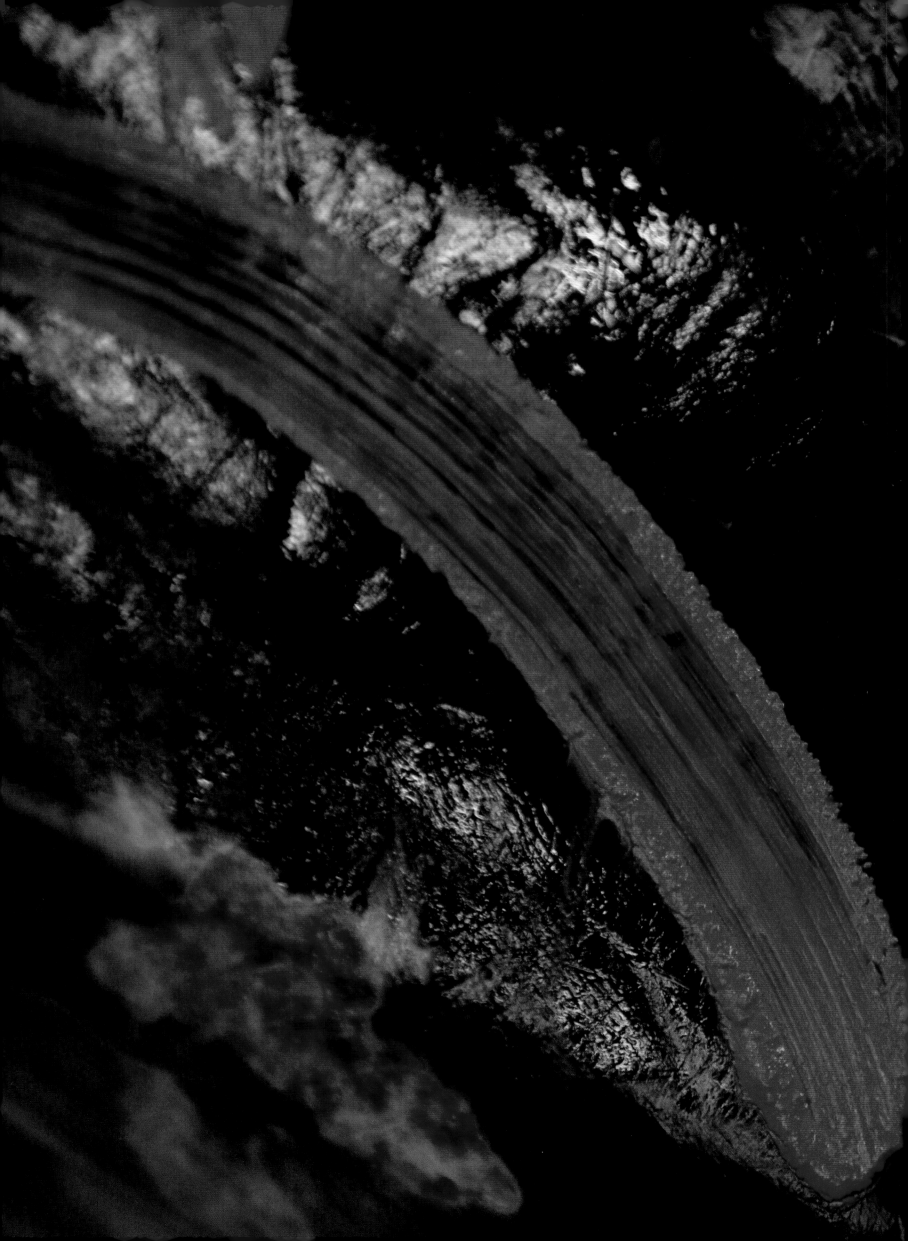

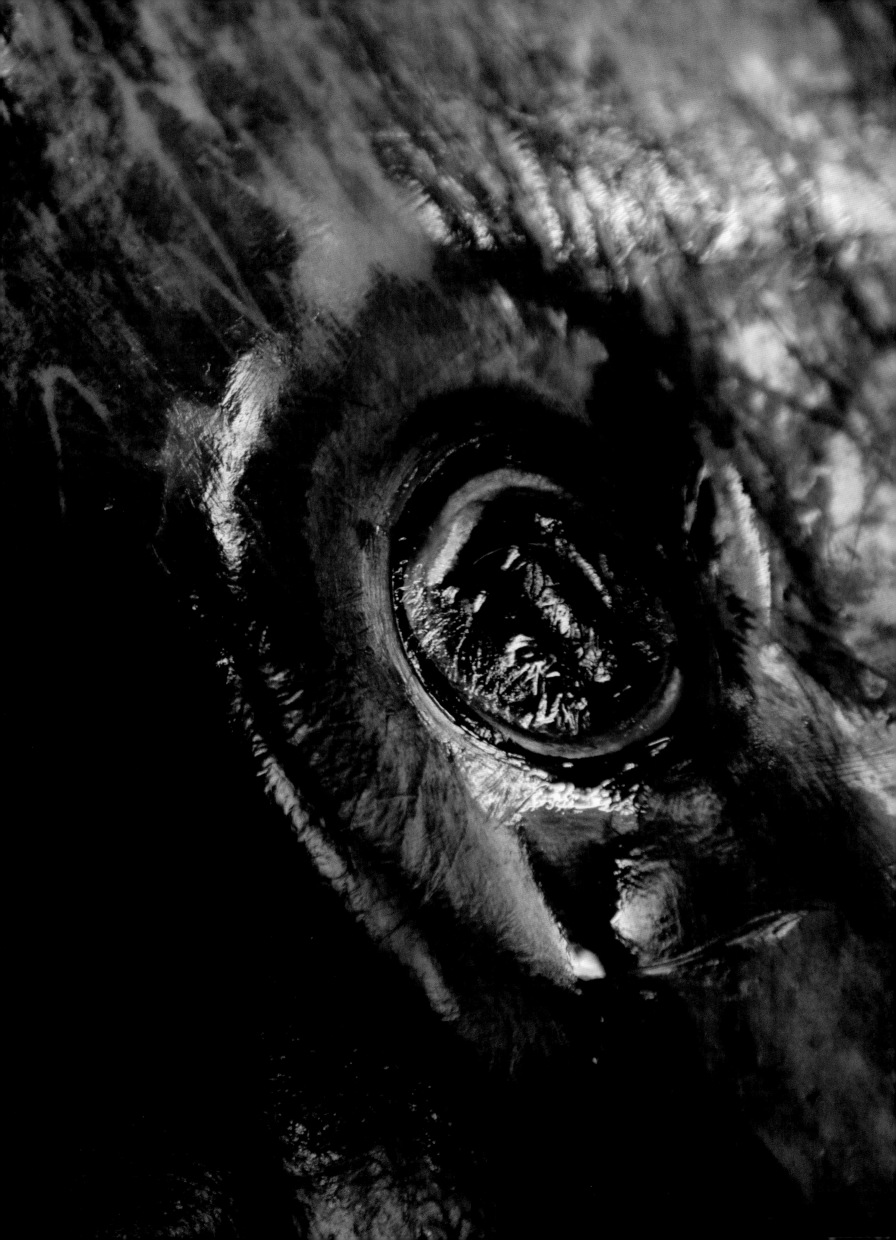

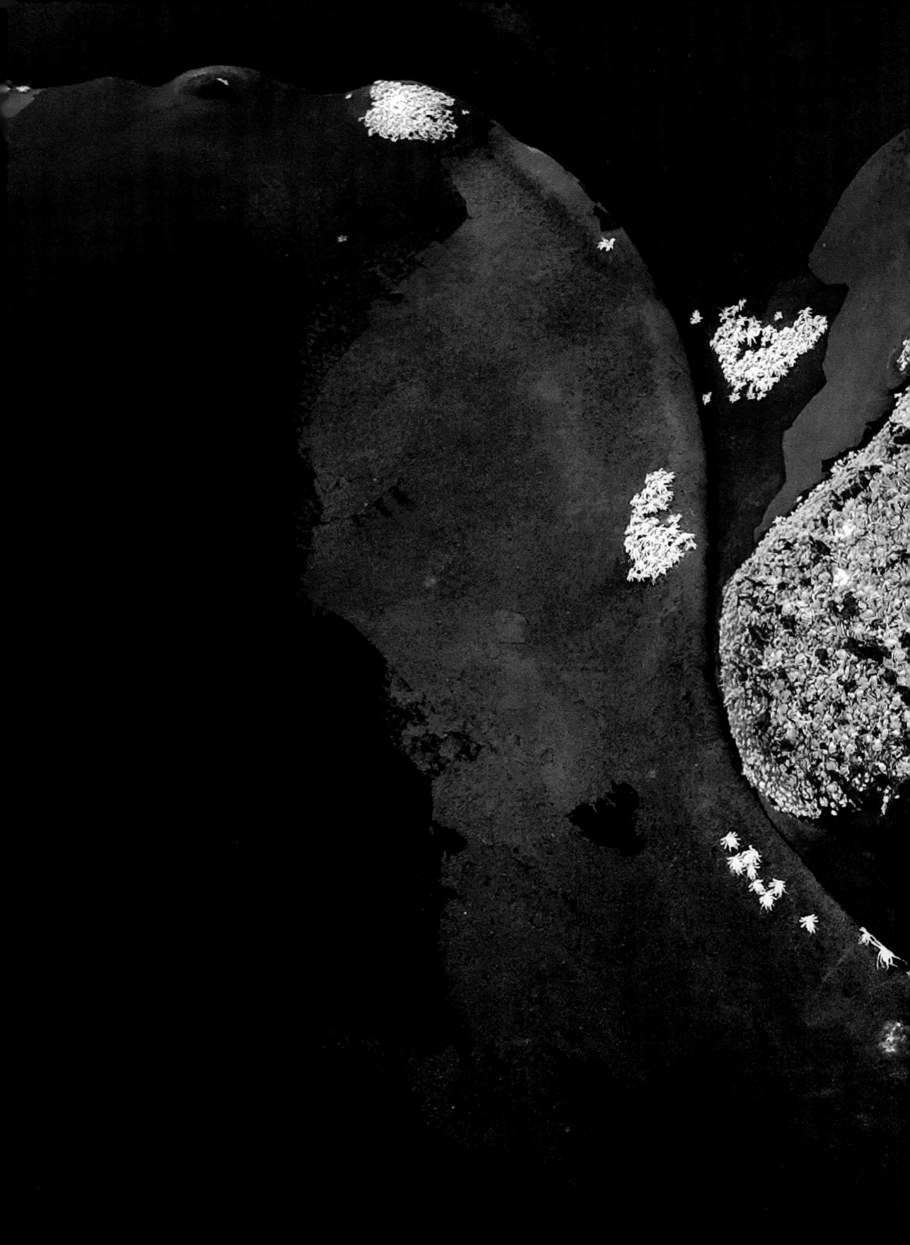

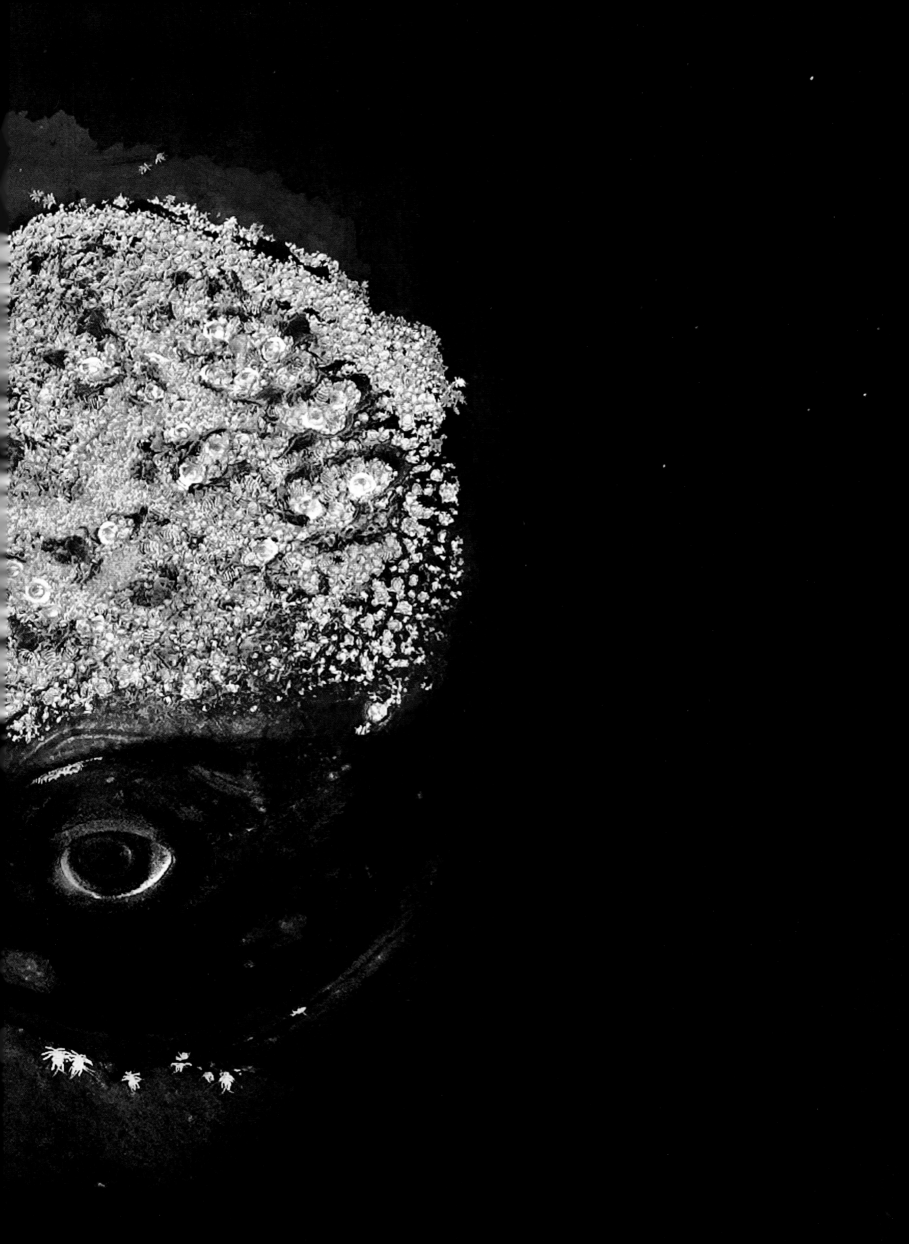

当捕捞变得毫无节制

为了能不断提高捕鱼量，人们持续改进捕鱼技术，以至于这项技术有时被比作是人类向鱼类发动的一场战争。这场战争中没有真刀实枪，也没有俘虏，但是造成的伤害却是巨大的：被牵连的受害者数不胜数。

误捕

这些被牵连的受害者，也被称为误捕或"副渔获物"，是被捕获、宰杀的"非目标渔获物"，它们并不会上岸——用渔业术语来说就是并不会被售卖。通常情况下，它们会被重新扔回海里，而那时往往已经死了。据联合国粮农组织称，全世界的误捕总量超过 700 万吨，占总捕获量的 8%。而这个数字有时甚至可能更大。据欧盟的一份研究报告显示，在伊比利亚半岛海域，拖网捕鱼的误捕量能达到 60%，而在北海捕获的海螯虾中，误捕的比例甚至高达 98%。捕虾是一种最不加筛选的捕捞方式，因捕虾而产生的误捕量占到了全球总误捕量的 50%。

深海捕捞使用的是装了沉重压载物的大渔网，它们将海底扫荡一空，不放过所经之处的任何海洋生物，通常每次这样的拖网捕捞的目标物种都是 2 到 3 种，但是最后捕捞上船的却还会包含其他的 70 多个物种！因此，深海拖网捕鱼也被比作是伐木毁林：大面积地破坏了深海环境、摧毁了深海物种的多样性，让深海从此成为一片海底荒漠。据某些研究称，通过拖网捕鱼的方式破坏的深海面积比亚马孙森林每年被砍伐的森林面积还要大。尽管如此，人们在进行这些破坏时却并不以为意。

误捕并不只是对鱼类产生了影响，也同样影响着鲨鱼、鲸、海豚、海龟以及信天翁和其他鸟类，这些鸟类有时会被成群捕获的鱼所诱惑，想要偷吃几口，却反倒把自己也困在渔网中了。

大量副渔获物被抛弃并不仅仅是由技术原因导致的。事实上，在大部分情况下，渔民不售卖这些副渔获量是因为它们会占用渔民的配额：为了能保证获利大的物种的配额、赚取更高的利润，渔民会选择将大量的死鱼扔回海里，哪怕它们是完全可以食用的。

生态影响

这种操作造成的生态影响有很多。首先，肯定会直接影响到这些误捕物种的存活率，尤其是当副渔获物中包含了幼龄动物。这会威胁到贸易物种的繁殖和未来。此外，这些被丢弃的死鱼漂浮在海面，会吸引众多海鸟，让它们容易依赖这种易获取的食物来源，造成丧失捕食能力的风险。而且这种操作也不经济，因为哪怕这些副渔获物要被浪费，它们仍会消耗船主的燃料，船主也仍需花钱请人将这些不要的渔获物从渔网拿出丢回海里。

▶ 塞因岛海域的渔船，布列塔尼，法国
（北纬 48°02′，西经 4°50′）

"谁见到了塞因岛……谁的死期就到了"：在急流中，渔民不得不冒着生命危险穿越暗礁中央的漩涡。这个海湾位于拉兹岬角和塞因岛之间，有强劲的洋流，是海洋事故多发地，许多渔民在此丢掉了性命。

一艘船就能破坏 5000 公顷深海面积

一艘进行深海拖网捕鱼的渔船在行动中可以搜刮掉相当于 5000 个足球场面积的动物。这项捕鱼技术会破坏深海环境，对经常为鱼类提供食物和庇护的珊瑚礁的伤害尤其大。

在距离毛里塔尼亚海岸50公里的地方，海伦-玛丽号渔船正在进行收网工作，这里是全世界渔业资源最丰富的地区之一。外国船只经常出现在西非的领海上。由于缺乏技术手段，非洲国家难以与发达国家抗衡，只能眼睁睁地看着自己的资源被掠夺。但这类捕鱼有时也是协商好的：毛里塔尼亚就是这种情况，2012年该国与欧盟签署协议，允许欧洲船只在两年内来该国渔区捕鱼，这项协议达成的经济补偿数额为1.13亿欧元。

最后，关于误捕的最大问题是道德上的问题：误捕造成巨大的浪费。世界上有 30 亿人的生存要依赖于鱼类提供的蛋白质，还有 13% 的人口吃不饱饭，因此这 700 万吨被抛弃的渔获物显得如此荒唐。

解决方案

能大幅减少副渔获物的技术手段是存在的。比如可以通过调整渔网的设计和网眼大小来限制副渔获物，还可以在漂网上增加一些分离栅来提高拖网作业的选择性。对那些体型更大的物种来说，其他一些方法也被证实有可行性。例如，提高渔民减少副渔获量的意识、对副渔获物采取援救措施，这些都有效地减少了在捕获金枪鱼的过程中对海豚的误捕。通过在拖网上增加一种"防龟栅"，也能减少部分捕虾过程中对海龟的误捕。在渔具上增加磁铁也能阻止鲨鱼的靠近，因为它们拥有一种第六感，能通过被称为"劳伦氏壶腹"的特殊器官探测到电磁场。

一些经济措施同样可行，比如允许那些有经济价值的物种在岸上进行售卖和分配，让更多的人可以吃到海产品，防止造成捕鱼浪费。

幻影捕鱼

比误捕更离谱的是"幻影捕鱼"，指的是所有因被丢弃、遗失的渔网或其他渔具而死亡的鱼——如果拿现代战争来比较的话，这些鱼就相当于那些在战争结束多年后被地雷炸死或致残的受害人。

最近的一份报告证实了被遗弃在海洋的渔具占到了海洋垃圾总量的 10%。那些用沉子固定在海底、用浮子漂浮在海面的流刺网是真正的陷阱，可以在几月甚至几年内"独自捕鱼"。这个问题也有相应的解决办法，主要是将这些渔线和渔网的材质替换成可生物降解的塑料。

珊瑚礁的破坏

工业捕鱼并不是威胁生态系统的唯一因素。一些更传统的做法也很容易对珊瑚礁造成危险。东南亚的珊瑚礁面积达 10 万平方公里，占世界珊瑚礁总面积的 34%，包含了现存 800 种珊瑚中的 600 多种，是全世界最美丽、受威胁程度最高的珊瑚生态系统。用炸

露天屠宰

自1960年起，捕杀海豹就在加拿大和世界其他国家引起争论。反对者们谴责这种行为的残暴。事实上，幼龄海豹通常是被一种称为"刺棒"的工具击打而死的，这是一种带有金属锤头的木棒，人们以此获取海豹雪白的皮毛。在法国，反对捕杀海豹的运动因女演员碧姬·芭铎的加入而得到更广泛的支持。

2012年，加拿大对500多万只海豹的捕杀配额是40万只。支持者认为这个数量既能保证当地土著维持生计，又不会威胁到这个物种的生存，因为捕杀的比例相对较低，且海豹并不属于濒危物种。然而，由于许多国家（欧盟、俄罗斯和美国）禁止海豹的进口，海豹制品的出口量越来越少。因此，这个产业或将变得越来越难，需要依靠经济补助才能维持。

每年7月到11月，海豹和海狮也同样在纳米比亚沿海遭到捕杀，目的和手段都与在加拿大的很相似，但是了解的人和传播的媒体却没那么多。据国际爱护动物基金会（IFAW）称，2012年，这里有8.5万只幼年海豹和6000只成年海豹被捕杀。

药捕鱼，在对珊瑚礁产生的众多威胁中，绝非程度最轻的一种。尽管许多亚洲国家都已经明令禁止，但这种捕鱼方式仍在被继续使用。目前用到的主要是用硝酸钾（肥料的成分）自制的炸药。把这些炸药装入瓶子，然后放到珊瑚礁上，会造成直径 1 到 2 米的炸坑。爆炸会立刻炸死离炸药最近的鱼，产生的冲击波能破坏更远处的鱼的鱼鳔，使其失去游泳的能力。据马来西亚的一项研究显示，这种捕鱼方式会造成鱼类生物多样性的大量减少、每个物种个体数量的下降以及个体平均体积的减小。鱼类显然不是这种操作的唯一受害者，因为经常被炸的珊瑚的死亡率高达 50%~80%。而爆炸带来的危害不仅造成了珊瑚的直接死亡，也破坏了珊瑚赖以生存的底土层，并改变了海底地形，阻碍了珊瑚再生。

致命的水族养殖

另一种威胁，是 20 世纪 60 年代出现于菲律宾的氰化物捕鱼的方法，随后传到了印度尼西亚、越南、泰国、马来西亚、柬埔寨和马尔代夫。被直接喷到珊瑚上的氰化物并不会杀死所有的鱼，但会使其麻痹，更易被捕获。活鱼（尤其是鳞鲀）随即被供给水族养殖市场和餐馆（这里活鱼的价格比死鱼贵 5 倍）。每年都有近 65 吨氰化物被用在菲律宾海域和印度尼西亚东部海域的珊瑚礁上。氰化物对珊瑚也会产生危害：生活在珊瑚丛中的藻类会因此死亡，珊瑚本身也会因此白化，并在一次次接触氰化物的过程中逐渐死亡。这种捕鱼方法在部分国家也是被禁止的，比如在印度尼西亚和越南，但是由于非法交易的存在和政府在执行相关条例上的无能，此方法仍在被继续使用。

还有第三种威胁着珊瑚礁的技术："Muro-Ami"，一种源于日本的敲击法，可以将珊瑚礁中的所有鱼群都赶出来。这种方法就是在珊瑚礁上方展开一个渔网，然后派几十名渔民（通常都很年轻）潜入海底，通过敲击珊瑚将鱼类赶到渔网中。这种捕鱼方法显然

▲浅海区的一大片硬珊瑚，太平洋，美国

金曼礁呈现出一个底长18公里、高9公里的三角形，是太平洋中部名副其实地拥有丰富生物多样性的小岛。金曼礁保护区内的珊瑚礁是全世界受人类活动影响最小的50处珊瑚礁之一。这个环礁已成为珊瑚礁研究的参考地。

每年 3800 万吨副渔获量

世界粮农组织评估出的每年全球副渔获量为700万吨，而野生动物自然基金会评估出的则是3800万吨。也就是说，每捕获1吨商业渔获物，就要扔掉近4吨的副渔获物。

需要很多年轻劳动力，而他们中有数百人因被困在了自己布下的渔网中而丧命，因此菲律宾已于 1986 年将其禁止。然而，这种捕鱼法依然有人在使用。这些毁灭性技术的使用往往是由贫穷（菲律宾和印度尼西亚的渔民平均收入仅有这两国国民平均收入的 25%）、过度捕捞、污染以及因植被破坏造成的沉积作用而导致的，它们如今已经对东南亚地区 88% 的珊瑚造成威胁，且菲律宾 70% 的珊瑚已经死亡。

非法捕鱼

非法捕鱼不仅包括使用被禁止的技术捕鱼，同时也包括在禁渔期捕鱼、在配额范围外捕鱼（在某些商业价值很高的渔区，实际捕获量能超出规定量的 300%）以及无证捕鱼和捕捞受保护物种。据联合国粮农组织称，非法捕鱼的比例占到了全球捕鱼总量的 15%，每年产生的贸易额达 100 亿欧元。

由于缺乏全球管控，在区域性的捕鱼过程中，对渔船的辨认有很大的困难，人们很难知道船主是谁，以及它们具体进行了哪些捕鱼活动，因此无法对其进行追踪：这使得非法捕鱼更容易进行。而关于方便旗的相关规定又模糊不清，使得非法捕鱼更易隐藏和逃避监管。据联合国粮农组织近期的一项调查显示，对公海上悬挂方便旗的船只进行管控的国家不到 50%。非法捕鱼不仅会危害鱼群和生态系统，还会造成当地渔业资源的枯竭，将从业者的生命置于危险之中，而雇佣未成年人、在低标准甚至危险的环境中工作，也违反了劳动法的相关规定。

▲ **骏河湾的软珊瑚花园，本州，日本**

和那些能形成珊瑚礁的珊瑚不同，软珊瑚是没有坚硬的钙质结构的。在这种珊瑚身上生存着水螅群，整体骨骼由水（骨骼内部的水压能让它维持一定程度的硬度）和钙质骨针（散布在珊瑚上的钙质小茎）组成，钙质骨针是在珊瑚死后唯一能留存下来的结构。这些软珊瑚和硬珊瑚一样，体内都长着和它们共生的藻类，为它们提供食物。此外也有一些珊瑚生长在阳光抵达不了的深海海域。藻类的存在对这些珊瑚来说是毫无意义的，它们的生长只能通过自身的捕食来保证。

▶ **正在吃"蘑菇"珊瑚（蕈珊瑚）的棘冠海星，金曼礁，美国**

这种特大型海星的外表让人一望而知它有多危险，它直径可达50厘米，通常有11~22只"腕"。棘冠海星是一种捕食性动物。它的身体上覆盖着一层刺和有毒黏液，可以造成人严重浮肿。当这种海星开始迅速繁殖时，它们可以摧毁整片珊瑚礁：6个月内它们就可以将珊瑚礁的覆盖率从80%下降到2%。关岛的珊瑚礁遭受这种灾害的袭击最为严重。不论是手动清除还是使用针对它们特别设计的注射枪都是有效的。然而我们至今都没找到它们迅速大量繁殖的原因。

专 访

深海大屠杀

克莱尔·露芙安（Claire Nouvian）

她是《深海奇珍》一书的作者，也是同名巡回展览的负责人。她创办了Bloom非营利组织，致力于保护海洋和
小规模个体捕鱼，该组织于2012年成功禁止了Intermarché集团（法国排名第一的深海捕捞船队）的广告。

您是如何建立Bloom这个致力于保护深海生物多样性的组织的？

几年前我在加州蒙特雷湾水族馆发现了深海世界，之后便建立了Bloom。这些千奇百怪的"地球内的生物"，它们处在黑暗中那个脆弱而纯净的世界，它们迟缓的动作……所有这些都令我深深着迷。和很多研究人员的合作给我提供了乘坐潜水艇下海的机会，让我抵达了"深腹"区，对深海的极度脆弱有了一个直观的了解。

从那时起您就开始为深海所面临的威胁担忧了吗？

从发现这个特别世界的存在起，我就知道人类对这个世界的掠夺有多野蛮了，而人类却根本不觉得自己有多过分，甚至还有人完全不知道这个事实。

"短期利益掌握在极少数人手里，而长期利益属于所有人。"

很难有什么比在深海进行大肆捕捞的大型拖网渔船破坏力更大、筛选能力更弱的工具了。当我对这种在深海进行的日常大屠杀产生了解时，还没有任何法律保护这片国际水域，欧洲也才刚刚制定一个十分不健全的法律框架。我不能不加入到这场保护脆弱生物的战斗中。工业工具的极高效率，与深海环境以及动物的极度脆弱之间形成强烈的对比。深海捕鱼就是快节奏世界对慢节奏世界的一种干涉。短期利益掌握在极少数人手里，而长期利益却属于所有人。

实际上究竟什么是深海捕鱼？

深海捕鱼其实是一个失败的结果：它体现了人类没有能力通过可持续的方法管理生活在表层海水的鱼群。"传统的"鱼类几乎被捕鱼船队捕杀干净了，所以他们开始把目光投向深海。具体来说，深海捕鱼渔船都是工业渔船（法国这类渔船的长度能达到50米，在其他国家还有更长的），它们在400~1800米的深海区进行捕捞，用装有压载物的巨大渔网捕获经过的一切生物。哪怕是在它们的渔网更小、更轻时，它们也能在牵引力的作用下张开渔网的"血盆大口"，吞食所经之处的一切生物，就像一面在平原上或森林中直线推进的推土机墙。

深海捕鱼所造成的环境影响有哪些？

首先，这是一种筛选能力很差的捕鱼方式，需要抛弃渔获量的比例很高。在深海，100岁以上的鱼随处可见。甚至少数几个稀有物种的平均寿命都能保证我们对其进行可持续性捕捞（黑等鳍叉尾带鱼、蓝鲈鳕），要在不破坏这些极端脆弱、还不被科学界认识的动物的前提下进行捕捞，是不可能的。研究表明，法国渔民为了在东北大西洋捕获3个目标物种，将伤害另外78个物种……深海捕鱼就是一场场盲目的捕杀，对深海鲨鱼造成的威胁尤其大，工业化捕鱼的规模和节奏已经对它们的生存造成了极大影响。深海拖网捕鱼同时还会破坏海底生物的居住地、古老的海绵和一些已经数千岁的珊瑚。人们不知道其实只有6种珊瑚可以形成珊瑚礁，其余3300多种深海珊瑚都是散布在海底的。这也意味着由拖网渔网造成的对海底生物系统的破坏是很难被意识到的。那些被拖网渔网挤压的生物甚至都撑不到被拉上甲板。人类对深海的破坏在持续进行着，但却无人亲眼见到。

这类捕鱼是可持续的吗？

还没有任何深海捕鱼是在科学上被认为是可持续的，甚至恰恰相反，深海捕鱼是不可持续捕捞方式的代表，哪怕是由欧洲"管理"的也一样。在公海区，这类捕鱼仍在遵循着"繁荣与衰败"交替循环的规律。在一种新的深海资源刚刚被发现时，它的生物量往往是很多的，但是不到10年的时间就能让这些鱼群的数量急剧下降。这时捕鱼船队就会换到另一片鱼群聚集的水域进行捕捞，直到这片海洋里丰富的渔业资源也被掏空。欧洲自2003年起就开始实施一个严格的监管框架，但是却依然没能做到保障深海捕鱼的可持续性发展。而在使用拖网捕鱼的情况下，生态系统的完整性是无法确保的，这也是为什么欧盟委员会会在2012年7月实行一项历

史性的举措：禁止在深海使用拖网和流刺网捕鱼。

如今还有哪些国家在进行深海捕鱼？

从捕获量来看，排名第一的是新西兰。法国排在世界第7位，位于西班牙和葡萄牙之后。只有分布在3个区域的10只左右的法国渔船仍在进行深海捕鱼，它们中的大部分都属于Intermarché集团。

"给大屠杀提供支持的正是财政补贴。"

在世界范围内，共有约285艘渔船在国际水域捕捞深海物种。因为这些渔船的数量和它们涉的国家都并不多，所以我起初觉得要打赢这场仗应该并不难，但很显然是我想错了。这样的捕鱼是大笔投资的工业结果，那些极少数参与其中的公司已经做了充分的准备来保护他们的资产，并遗忘这些资产在绝大多数情况下其实是来源于公共资金的这个事实。

这些政府补贴对深海捕鱼是有害的吗？

这些补贴对深海大屠杀提供了金钱上的支持。Intermarché和Euronor（滨海布洛涅）公司的渔船已获得的用于船队建设和入役的补贴高达数百万欧元，这笔钱不仅是财政支持，同时也代表了法国的资金在从健康领域向运作失调的领域转移，如深海产业化拖网捕捞。如果没有免除燃油税，这些渔船可能甚至都不能出港。深海捕鱼就是得到公众资金支持的妖魔，我们的税款到头来却对那些被过度捕捞、海洋环境脆弱的海域增加了捕鱼的压力。

深海捕鱼难道是不盈利的吗？

不盈利，法国深海捕鱼船队亏损了大量资金。大型工业集团有他们自己的一套通过获取海洋资源、从鱼类交易中获利的策略，甚至还需要有一个亏损的子公司来处理财务和税务问题。在这种情形中最具争议的点大概就是：我们用法国人的财富来资助对深海生物多样性进行破坏、维持从结构上看已亏空的公司的运转。

深海鱼类的市场占有率如何？

深海物种（蓝鲟鳕、黑等鳍叉尾带鱼、银鳕鱼等）仅占欧洲或法国总捕鱼量的1.3%或1.4%。尽管对环境和公共财政资源造成了严重破坏，这种捕鱼方式仍然是很边缘化的。因此深海物种并不是除小孩以外的法国人的基本食物！像蓝尖尾无须鳕和角鲨这样的深海鱼在法国85%的学校食堂中都会出现。

消费者可以做些什么吗？

当然可以。既然我们的政府反映的是施加在渔业问题上的工业压力，那我们就不能指望它来保护海洋生物多样性，而是要靠我们自己。请记住这3种鱼的名字：圆吻突吻鳕、蓝鲟鳕和黑等鳍叉尾带鱼，并像逃避瘟疫一样避开它们。要停止食用非政府组织红色名录上的物种，在进行筛选性捕鱼的当地小生产商家处买鱼，少吃鱼，吃好鱼。

这个行业看起来牢不可摧，这将是一场真正的战斗吗？

啊，是的！更何况工业集团的说客的造谣技术和对数据的捏造已经炉火纯青了。他们擅长将能够影响政治决策的说客放在重要的战略位置。这些著名"专家"就是我们会在烟草业或气候变化辩论中遇到的那种，他们利用自己的声望和假定的科学基本客观性，来掩盖他们已被大集团收买用来维护其利益的事实。在我们的社会中，工业谎言越来越常见。当看到Intermarché集团在他们捕捞的深海鱼身上印上了"有责捕鱼"的标志时，我愤怒了，因为尽管这是海洋管理委员会（MSC）生态标签的一种仿制品，但它其实并不是一种"生态标签"。Bloom组织对这则虚假广告进行了投诉，使得这则广告被广告道德委员会禁止。游说集团是有实力、有关系网的，尽管我们猜不到这个关系网的辐射范围。但幸运的是，政治家们有时候能站在长远的角度考虑，而不妥协于利益集团施加的压力。欧盟委员会不久前提出禁止在欧洲深海海域使用拖网和流刺网捕鱼，这就是一项很有远见的举措，可以对海洋、对法国和欧洲纳税人起到明显的保护作用。

海洋环节动物（帚毛虫），伯利兹

帚毛虫是一种长10厘米左右的海虫。它们在自己用黏液和沉积物在身体周围粘合的一根管子里笔直地生活。从这根管子仅能伸出2个羽毛状的触须扇，它们用这些触须扇将顺着水流过来的浮游生物带往嘴里，这就是它们的食物。它们的触须上长着鳃和一些小的光敏感官器官，这些器官让它们得以感知到光线强弱的变化，当它们逐渐被笼罩在捕食者的阴影下时，能缩回管子里保护好自己。

潘杜坎岛附近的村庄，菲律宾（北纬 6°15'，东经 120°36'）

菲律宾珊瑚礁的数量占全世界珊瑚礁总量的9%，拥有世界上最丰富的生物多样性，一半以上的热带鱼类都能在这里找到。然而，为了能更方便地捕获那些为水族养殖业所需的鱼，有些渔民开始使用氰化物捕鱼法，还有少数渔民用炸药捕鱼，这些都对珊瑚礁造成了毁灭性的影响，有近70%的珊瑚因此被破坏。

一个洞穴中的猪仔鱼（单斑普提鱼）和成群的蓝色毛毛鱼（紫色蝎鱼），普尔奈茨群岛，新西兰

很多种鱼会聚集在一起，形成密集的鱼群。英语单词"schooling"（集群现象）指的就是这些鱼群以及同种鱼聚集在一起的关系。人们现在对构成这种鱼群的机制还知之甚少。但是这种严密的结构能减少鱼在海水中的摩擦，在遇到捕食者时得到保护，也有利于繁殖。

圣索非亚大教堂，伊斯坦布尔，土耳其（北纬 41°00'，东经 28°59'）

每天都有近200条船经过分隔欧洲和亚洲的博斯普鲁斯海峡，其中有很多油轮是从里海出发的。这些船只穿过古代的拜占庭、后来的君士坦丁堡，也就是现在的伊斯坦布尔。圣索非亚大教堂建于532年到537年，矗立在这座城市的西岸。1453年，在土耳其人占领君士坦丁堡之后，圣索非亚大教堂就被改造成清真寺，加上了4个尖塔。这座古拜占庭的建筑杰作自1934年起被设为博物馆，由土耳其共和国政府接管。

鲸鲨、䲟头鱼和鱼群，澳大利亚

鲸鲨和鲸、海豚一起成为生态旅游的标志性物种。生态旅游有赖于对未经破坏的生态系统和对自然环境中的物种的观察。生态旅游业将这些物种看作决定当地经济的关键因素，加强了对自然环境的保护。但是过度捕捞的情况仍屡见不鲜，船只与动物相撞的事件也仍不时发生。

波拉波拉岛，社会群岛，法属波利尼西亚，法国（南纬 16°31'，西经 151°46'）

法属波利尼西亚的背风群岛庇护着这座38平方公里的、名字寓意为"第一个出生"的岛屿。一座形成于700万年前的火山的火山口有一部分露出了海面，就形成了今天的波拉波拉岛，它的周围是一座珊瑚堡礁，珊瑚堡礁上面分布着长满了椰子树的小珊瑚岛。提瓦努依（Teavanui）航道是波拉波拉潟湖与大洋之间唯一一条水深足以让船只进入的通道。第二次世界大战期间，美国曾将这座岛屿用作他们的军事基地。

格陵兰岛海豹（竖琴海豹，Pagophilus groenlandicus），圣劳伦斯湾，加拿大

猎捕并不是格陵兰岛海豹面临的唯一威胁。气候变暖让北极冰帽变得脆弱和不稳定，大大减少了它们的栖息地。新生的格陵兰岛海豹还没有长好防水的皮毛，无法在海水中游泳。但是由于温度的升高，它们身体下的冰块可能会因承受不住重量而破裂，令它们淹死在水中。照片中的海豹妈妈正在将它不慎跌入圣劳伦斯湾的孩子推上岸。

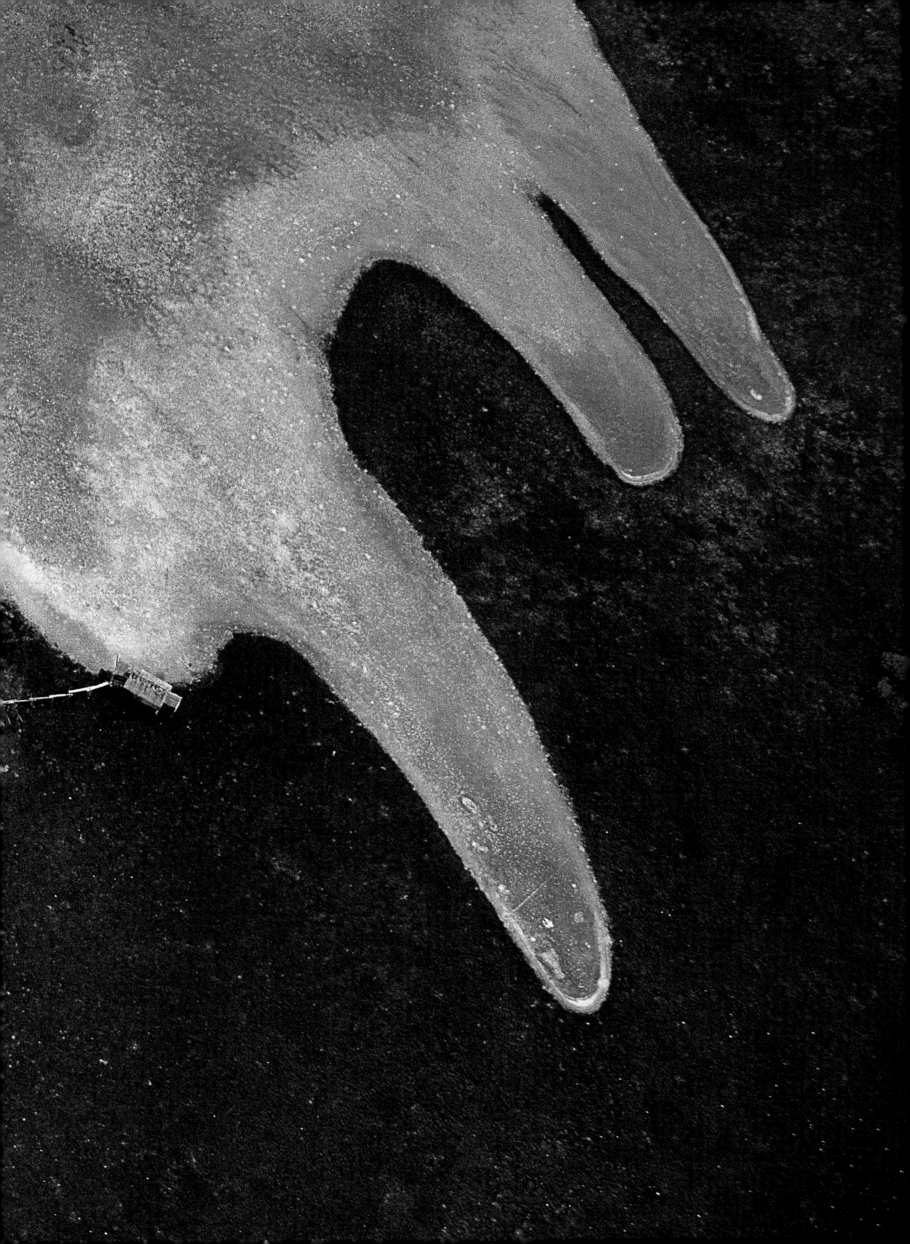

大型捕食者的终局

每年都有5000万到1亿条鲨鱼被杀死。它们往往是被捕杀的，在砍断鱼鳍之后，人类又将仍活着的它们重新扔回海里……直至它们慢慢挨到死亡。这场屠杀在一种惊人的冷漠中进行，因为我们大多数人都无法接受不给牛打麻醉就砍下其四肢，再将其身体扔回坟坑里。鲨鱼确实不像其他一般的鱼，它们在痛的时候不会叫。它们也不会哭。但是对于那些能想象鲨鱼有多痛苦的人来说，这个场面实在是太可怕了。

确实，它们都是大型捕食动物，是食肉动物，可以将人类咬死。老虎、狮子也是如此，但人类却非常喜爱这两种猫科动物：孩子的毛绒玩具用它们的形象，动画将它们作为主角。而鲨鱼却一直没得到什么好名声，这其中一部分原因可能要归咎于斯皮尔伯格的电影《大白鲨》（1975）。然而，狮子其实比鲨鱼要危险很多。它们每年要杀死大约250人，而大型鱼类大约只杀死10人（据国际鲨鱼攻击档案提供的数据，它们在2011年攻击了75人，造成了12人死亡，比往年的数字要高，在过去的10年里它们平均每年造成4.3人死亡）。

可怕的名单

哪怕每一种鲨鱼都算进去，它们也无法被列入对人类而言最危险的10种动物的名单里。在这份令人毛骨悚然又稍显模糊的名单上，人类最大的敌人是蚊子：它们可以传播各种致命的疾病，例如疟疾和登革热，每年有200万人因蚊子而死！紧随其后的是蛇，每年能造成10万人死亡，再接下来分别是蝎子（5000）、鳄鱼（2000）、大象（500）、蜜蜂、狮子、犀牛、水母和老虎。鲨鱼仅在这份排名中位列第11名！在维基百科上甚至有一份这样惊人却难以求证的数据：在2001年至2010年间，美国由鲨鱼造成的死亡只有10人。但是因狗咬而身亡的却高达263人。

尽管鲨鱼有危险的一面，实际上却是非常脆弱的：它们的生长速度十分缓慢，繁殖期晚，雌性鲨鱼往往要经过一段很长的孕期才能产下1到2只幼崽。目前对鲨鱼的捕杀规模对其数量造成了很大的压力。据世界自然保护联盟（IUCN）的一项研究表明，2009年，公海区有32%的作为研究对象的鲨鱼面临着灭绝的危险。数据是不断变化的，情况也是：490种鲨鱼之间的差异很大，从以浮游生物为生、长度可达20米的鲸鲨，到生活在200~500米的深海、长度不到20厘米的侏儒角鲨，更别提还有和它们很相似的鳐鱼了。此外，情况也会随地理位置的不同而发生变化：例如，在地中海，有42%的鲨鱼种类受到威胁。

陷入危险的捕食者

从全球来看，几十年以来，鲨鱼的数量已经锐减了70%~80%。然而，几乎没有哪种鲨鱼现在是受保护的。因为动物的受保护程度也与它们激起人类喜爱的能力有关：相比鲨鱼，形象可爱的熊猫或海豹宝宝在这方面明显更占优势。

▶ **鲨鱼落入了渔网的陷阱，圣马可岛，加利福尼亚湾、墨西哥**

每年都有5000万到1亿条的鲨鱼被杀死。绝大多数时候，它们的鱼鳍会在船上被斩断，然后已经死去或仍奄奄一息的它们会被重新扔回大海。许多动物权利保护者都在抗议这种做法。

从最小到最大的490种鲨鱼

目前总共有490种鲨鱼，其中只有5种是被认为对人类有危险的。鲨鱼大小不一，有小至20厘米的侏儒角鲨，也有大至20米长的鲸鲨。它们中的大部分都是捕食者，但是也有少数几种，如鲸鲨，会过滤海水以浮游植物为食。也有一些鲨鱼是生活在淡水中的。

砍断鲨鱼的鱼鳍是很残忍的，因为切割通常是在它们还活着的时候进行的，之后奄奄一息的鲨鱼会被扔回海里。为了禁止这种做法，反对者要求渔民必须将鲨鱼完整的尸体带回岸上。尽管欧洲从2003年起就开始禁止切割鲨鱼鳍，却仍有渔民违反规定继续进行这种操作。然而，部分公司（包括中国的）决定停止销售鲨鱼产品。

海洋公园

2011年，善待动物组织（Peta）控告美国几家野生动物园有奴役动物的行为。以美国宪法修正案第13条作为支持，该组织希望这些动物园将捕获的服役虎鲸放生。2012年初，法院驳回了这项控告。动物权利保护者们谴责那些和动物园一样将野生动物关在狭小的空间里并虐待的游乐园。此外，鲸类被关起来之后寿命会缩短。而游乐园的支持者反驳说，游乐园向公众进行了宣传和教育，还对部分海洋动物进行治疗后放归大海（尽管效果不明）。虎鲸惠子（Keiko）就是一个例子。因电影《自由威利》成名后，在公众的呼吁下，它被重新放回了大自然。然而，这个例子证明人工饲养过的虎鲸在重新融入野生鲸群时将遭遇重重困难，独立捕食的能力也大大削弱。这头在2002年被放生的著名虎鲸，仅在一年后的2003年，就死于肺炎。

然而，鲨鱼在生态系统中扮演着重要的角色。和所有的大型捕食者一样，是它们在调节食物链上"处在它们之下的"各物种之间的平衡。其中一份研究最深入的报告，研究对象是美国东海岸的11种大型鲨鱼。它们的数量急剧减少（沙虎鲨减少了99%，路氏双髻鲨减少了98%）引起了一连串的后果，这些后果也预示了其他地区有可能出现的情况。比如，在摆脱了它们的捕食者鲨鱼之后，那些生杀大权掌握在鲨鱼口中的鱼的数量开始增长。然而，作为这些鱼的食物，扇贝却几乎快要被吃光了，这对当地的贝类养殖业造成了巨大的损害。出于同样的原因，一些研究将鲨鱼的存在与珊瑚的健康关联在一起。

鱼翅汤

在很长一段时间里，对鲨鱼最大的威胁都是混获，或者说是"误捕"：相对而言，渔民们很少对鲨鱼感兴趣，它们一般都是被渔网不小心捕获的，通常会在之后又被扔回大海，尽管它们的皮偶尔也可以被加工成皮革制品（鲨鱼皮）。在法国，消费者往往会在不知情的情况下吃到它们的肉，因为它们会被冠以其他鱼肉的名字，如"siki""石鲑鱼"或"狗鱼"。

但是今天，威胁却来自亚洲和让亚洲人垂涎的鱼翅汤，一道无滋无味却享有盛名的菜。随着生活水平的飞速提高，今后将有数亿人想品尝鱼翅汤。对它的需求暴涨，价格也因此水涨船高：香港市场进口了全球50%~85%的鲨鱼鳍，在这里，它们被卖到了几百欧一块。对渔民而言，这些鱼鳍单卖的价格比和整条鲨鱼一起卖要高，这也解释了为什么它们剩下的身体会被直接扔回海里，这种做法被称为"割取鱼翅"（finning）。

亚洲黑手党

那该怎么做呢？2003年，欧盟禁止渔民在船上砍断鲨鱼的鱼鳍。但是这项包含很多特例且漏洞百出的举措并没有什么效果。尽管如此，欧洲做出的贡献却并非微不足道：根据联合国粮农组织公布的官方数据来看，2009年欧洲捕获的鲨鱼有11.2万吨，其中西班牙遥遥领先。而法国以19498吨排在了第二。

但是数据的统计是十分复杂的，因为其中存在商业欺诈的情况。鱼鳍经常会被进口、

出口、又再出口；有时这些鱼鳍和它们的躯体并不在同一个码头"上岸"（也就是被售卖）……所以市场是很不透明的。2006年，一份关于香港市场的研究显示，鲨鱼的实际捕获量应该要比联合国粮农组织发布的数据高3到4倍。做鱼翅交易的亚洲黑手党的生意遍布全世界，2008年，一部名为《鲨鱼海洋》（可以结合对罗布·斯图尔特和保罗·沃森的专访一起看，分别位于190页和286页）的电影就体现了哥斯达黎加的鱼鳍黑手党的规模和实力，而这还是一个拥有尊重环境的美名的国家。

海洋保护区

目前来看，有2种保护鲨鱼的方案：通过各种管制手段限制捕鱼；通过让亚洲公众了解情况的严重性来减少对鱼翅的需求。这些措施由民间组织来发展，如今已颇具规模，取得一些成果。

几个保护区已经在中美洲和太平洋地区建立起来了，其中包括哥伦比亚、委内瑞拉、洪都拉斯、马尔代夫、密克罗尼西亚等国。2009年，帕劳建立了第一个鲨鱼保护区，其面积相当于一个法国那么大。2011年，美国通过了一项禁止砍断鲨鱼鱼鳍的法律。2011年11月，欧盟委员会通过了一项法律，对2003年的法律进行了补充，禁止所有欧洲渔船仅将鱼鳍带上岸售卖，但是这项法律还需得到部长理事会和欧洲议会的批准。

中国政府的介入

中国也开始实施各项措施，也有组织加入到了保护鲨鱼、抵制鱼翅汤的战斗中。部分餐厅和超市从菜单和货架上撤下了鱼翅。2012年7月，中国政府宣布将鱼翅汤从正式宴会的菜单上删除。这是一项意义重大的决定，其实施条件则还有待被明确。尽管鲨鱼

▲ 圣马可海滩上被切割过的鳐鱼，加利福尼亚海湾，墨西哥

墨西哥的圣马可岛位于南下加利福尼亚州的近海，岛上居民不超过1000人。在墨西哥的某些地区，鲨鱼的捕获量可占到总捕鱼量的6%。由于亚洲市场对鬼蝠魟肉和皮的需求日益增加，偷渔者的捕捞力度也越来越大。此外，它们的鳃还可以被磨成粉末，用到某些传统药物中。

85%的鱼翅都运到了香港

香港市场进口了全球50%~85%的鱼翅，之后再将其转运至中国内地和亚洲其他地区。但由于存在非法交易，实际的数量可能比官方数据要高出3到4倍。

的情况仍令人担忧，但国际各界的行动已初见成效。今后还必须加强行动力度，以便能应对这场鲨鱼的生存危机。

◀ **在圣马可岛市场上被售卖的尖吻鲭鲨鱼鳍，加利福尼亚湾，墨西哥**

人们捕杀这种大型捕食者通常只是为了得到它们的鱼鳍，正如人们猎杀犀牛也只是为了获取它们的角。用鲨鱼鱼鳍做成的汤在亚洲很受欢迎，而富裕起来的亚洲人民对该海产品的需求也越来越大。

◀ **陷入渔网的长尾鲨，墨西哥**

将渔网垂直向海底拉直，用锚或重物将其底部固定在土壤中，将其顶部绑上浮子漂在海面。大型海洋动物，其中包括海龟和鲨鱼，就是被这种捕鱼方式牵连的受害者。

▶ **穿过鱼群的加勒比礁鲨，巴哈马**

礁鲨生活在西大西洋的热带珊瑚礁水域。这种捕食者处于海洋食物链顶端，主要以硬骨鱼、头足纲和章鱼为食，它们平均长2.5米，体重小于70千克。某些种类的鲨鱼一周的食量可以达到它们体重的10%。

专 访

我们需要战士和英雄

罗布·斯图尔特（ROB STEWART）

海底摄影师、生物学家和导演，同时也是一名鲨鱼爱好者。2006年，他导演了电影《鲨鱼海洋》，希望能借此戳穿鲨鱼吃人的神话。

在您的电影中，我们看到有一个镜头是您抱起了一条长约2米的鲨鱼，这样做不危险吗？

不危险，完全不危险。但是要掌握方法，不是想当然地乱来。这是有窍门的。鲨鱼拥有第六感，电感，嘴下有感觉传感器，可以帮助它们感测到磁场，所以它们能直接游向猎物。当你抚摸它们的这个部位时，它们就会当场定住，这时你几乎可以对它们为所欲为。我们将这种状态称为"强直静止状态"。另外，不要害怕，尽可能地保持冷静就不会吓到它们，要让它们自己一点一点地靠近你。

您的意思是，其实是鲨鱼害怕人类，而不是反过来？

所有因素叠加在一起，滋养了人类对鲨鱼的恐惧。这种动物一直生活在深海，而大众对深海的了解极少，很容易通过想象虚构出一些神话。与此同时，媒体也在对鲨鱼发动"新一轮的攻击"，塑造它们的负面形象。此外，当然还有一些类似《大白鲨》这样的电影，都是在我们对鲨鱼几乎完全不了解的时期制作出来的，进一步加深了鲨鱼是嗜血杀手这一印象。但事实上鲨鱼吃的人并不比我吃的人多。被鲨鱼袭击的人都是因为出血过多而死亡的，并不是因为他们被鲨鱼整个地吞到肚子里去了。每年都有数以百万计的人在鲨鱼狩猎的水域游泳。如果它们真想吃我们，不是轻而易举吗？问题在于鲨鱼害怕人类，所以我们和它们之间仅有的互动就是袭击发生的时候了。与此相反的是，海豚给人的印象要友好许多，因为它们天性爱玩，经常跟着轮船游，或是跃出海面。然而，其实它们也有危险的一面，哪怕它们并不咬人。

所以为了消除鲨鱼吃人的这种刻板印象，您就导演了《鲨鱼海洋》吗？

是的。一开始，我想向大众展示鲨鱼不同于媒体所传递出的另一面形象。在海水中看到鲨鱼实在是太令人难忘了，那些害怕鲨鱼的人只要在海水中见过它们一次，就会改变对它们的看法。这种动物美得惊人，一举一动都体现出它们超常的智慧：它们的第六感，电感，能帮助它们在能见度减弱的情况下辨别方向。这是一项为5亿年前脊椎动物共同的祖先所拥有的能力，而它们是最后的还拥有这种能力的动物。鲨鱼从4亿多年前开始在地球上出现，并已从5场大规模的生物集群灭绝中存活，见证了生命在地球上的重生。鲨鱼就是"最后的龙族""最后的恐龙"。

《鲨鱼海洋》是一种对鲨鱼大屠杀发出警醒的方式吗？

正是。每年都有5000万到1亿条鲨鱼被捕杀，多数情况下是为了获取它们的鱼鳍。在日本的气仙沼港，每天都有7000~10000只鲨鱼被捕杀后拿到货棚里贩卖，工作人员在那里砍断它们的鱼鳍。但大多数时候，它们的鱼鳍都是在船上就直接被砍断了，剩下的身体部分则会被立即扔回海里。因此在最近几十年里，鲨鱼的数量大大减少。而鲨鱼却是海洋食物链顶端的动物。在大型海洋捕食动物中，它们的猎物种类是最多的，因此它们的消失可能会在生态系统内造成极度的不平衡。

您的电影反响如何？造成的影响有哪些？

从票房来看，《鲨鱼海洋》很受欢迎，但对我而言最重要的是，它推动了一些事情的发展。比如在2011年初，塞班岛（位于马里亚纳群岛）一个班的小学生在看了这部电影之后写信给他们的总督，请求他对鲨鱼进行保护，于是总督宣布禁止鱼翅贸易。更加广泛来看，在近5年里，许多州——夏威夷、关岛、俄勒冈、马歇尔岛、马里兰和美国其他的州都禁止了对鲨鱼的鱼鳍进行切割，也禁止了鱼翅汤的食用，这也是因为一些人在看了这部电影之后开始行动起来了。观念在转变，虽然可能不如我们所希望的那么快，但是我们已经取得初步的胜利了。《鲨鱼海洋》让我看到了，在了解事实之后人类的力量有多强大。这也是为什么我现在决定要用一部新电影——《改变世界》——来走得更远，我希望它能达到同样的效果。

这部新电影讲述了什么？

讲的是在生态系统被破坏时，人类如何在地球上生存下去。我们如今正在经历一场重大的生态危机，没有人知道怎样才能平安度过这个世纪。如果想看到希望，就必须改变一切，因此要动员尽可能多的人参与进来，这就是我给这部电影起名"改变世界"的原因，和给奴隶制画上句号的革命以及为美籍黑人争取权利的革命很相似。所有人凝聚起来推动这样一场革命：我们处在一个关键时期，人们知道有些事行不通，不公平和不公正也越来越多，现在，是时候让一切改变了。

那要怎么做才能点燃这场革命呢？

这需要把所有人凝聚起来，而不是停留在个人行动的层面上，并且找到新的行动方法。告诉人们"应该走路去上班、少买东西、成为素食主义者……"是不够的。还必须要有速度。我们是关键的一代。您也一定希望您的孩子可以继续生活在这个地球上吧？那么就站起来、行动起来吧！

西大西洋笛鲷（红鲷鱼）（Lutjanus campechanus），金曼礁，美国

西大西洋笛鲷成为一种备受欢迎、价值很高的鱼类资源，尤其是在墨西哥湾。从20世纪90年代开始，笛鲷就因垂钓运动而备受压力：一半的捕获量都是竞技垂钓产生。笛鲷不仅是这项活动的受害者，也常会在捕捞虾类时被误捕。为保护笛鲷资源，捕获量配额应该减少。此外，西大西洋笛鲷幼鱼还被重新放入人工礁石附近，用来补充已有的鱼类数量。

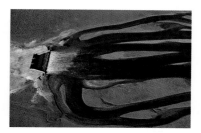

多哈一家海水淡化工厂的废水，杰赫拉省，波斯湾，科威特（北纬29°21'，东经47°49'）

科威特75%的水资源需求都是靠淡化海水来满足的。进行完瞬时热蒸馏（"闪光"系统）后，不适合饮用的水会被排入大海，在海水中蔓延出一个长着触手的怪兽的形象，和波斯湾的海水混合在一起。全世界120个国家共拥有12500个海水淡化设备，让海洋能每天向人类提供2000万立方米的淡水（占全世界淡水消耗量的1%）。

海藻森林中的太平洋电鳐（Torpedo californica），科尔特斯沿岸，加利福尼亚州，美国

海藻森林是太平洋电鳐的首选栖息地。这种生态系统由最大型的海藻组成，是一座真正的海洋森林。这种巨藻（Macrosystis）的高度可以达到45米，为生活在其中的物种提供了庇护和食物。

凯拉尔维的船舶墓地，拉内斯泰，莫尔比昂，法国（北纬47°45'，西经3°20'）

几十艘船舶安眠在最古老的海洋墓地之一凯拉尔维，那几艘来自格鲁瓦的金枪鱼捕捞船从1920年起就躺在这个小海湾了，并已不可避免地陷入了淤泥里。全世界船龄在15年以上的船舶占到了总船舶数的40%，但是这40%的船却造成了80%的意外沉船事故。

犁头鳐（Rhinobatos sp.），从捕虾船抛出的鳐鱼及其他鱼类，拉巴斯，南下加利福尼亚州，墨西哥

用捕虾船捕捞是筛选性最差的一类捕捞方式：这种方式所造成的误捕占全球总误捕量的一半。2010年，一个在塞内加尔经济特区进行的研究显示，从捕虾船扔下的甲壳类动物、鱼类和大大小小的软体动物不计其数。白天捕捞网中的误捕物种占总捕捞数的70%，而到了晚上这个百分比甚至达到了99%！这种捕鱼方式破坏了生态系统，且造成了极大的浪费。

在海豹岛附近的一块岩石上的开普软毛海豹（Arctocephalus pusillus），开普省，南非（南纬34°03'，东经18°19'）

非洲软毛海豹是一种群居动物，它们成群地聚集在海岸交配、繁衍。这种半水生哺乳动物一生中的大部分时间都在沿海水域寻找食物：鱼、鱿鱼、甲壳动物。尽管开普软毛海豹已被列入《濒危野生动植物物种国际贸易公约》附录二中，它们却仍是纳米比亚商业猎杀的目标。

棱皮龟（Dermochelys coriacea）下蛋，马图拉海滩，特立尼达，特立尼达和多巴哥

在大西洋每年3月至7月和太平洋每年9月至次年3月的筑巢期内，棱皮龟都会离开海水到海滩上产卵。圭亚那的Hattes海滩被认为是它们最重要的产卵地。夜幕降临以后，棱皮龟会在沙滩上挖一个洞，然后将约100个卵产在里面。科学家们认为这些卵中只有一个能顺利长为成年海龟。

乌翅真鲨（Carcharhinus melanopterus），千禧年环礁的潟湖、莱恩群岛，基里巴斯共和国

在即将迈入千禧年之前的1999年，曾经的加罗林群岛被改名为千禧年群岛。1994年，人们对最东部的时区UTC+14以及位于基里巴斯附近的日期变更线进行了调整，使该岛成为地球上除两极以外最先进入新的一天的地方。为了庆祝千禧年的到来，人们在此举行了特殊的欢庆仪式，它的新名字也由此诞生了。千禧岛上有不少保护得极好的珊瑚礁。

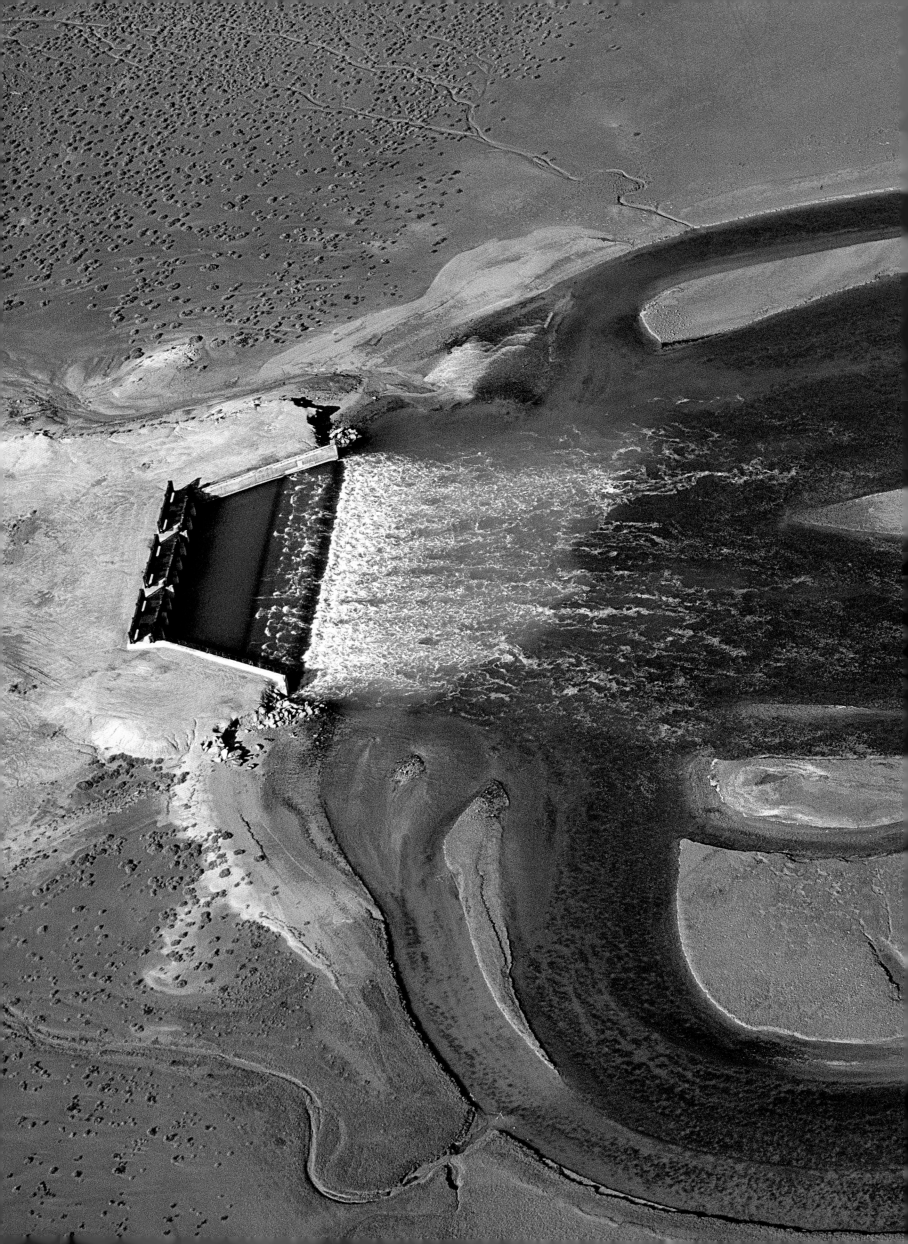

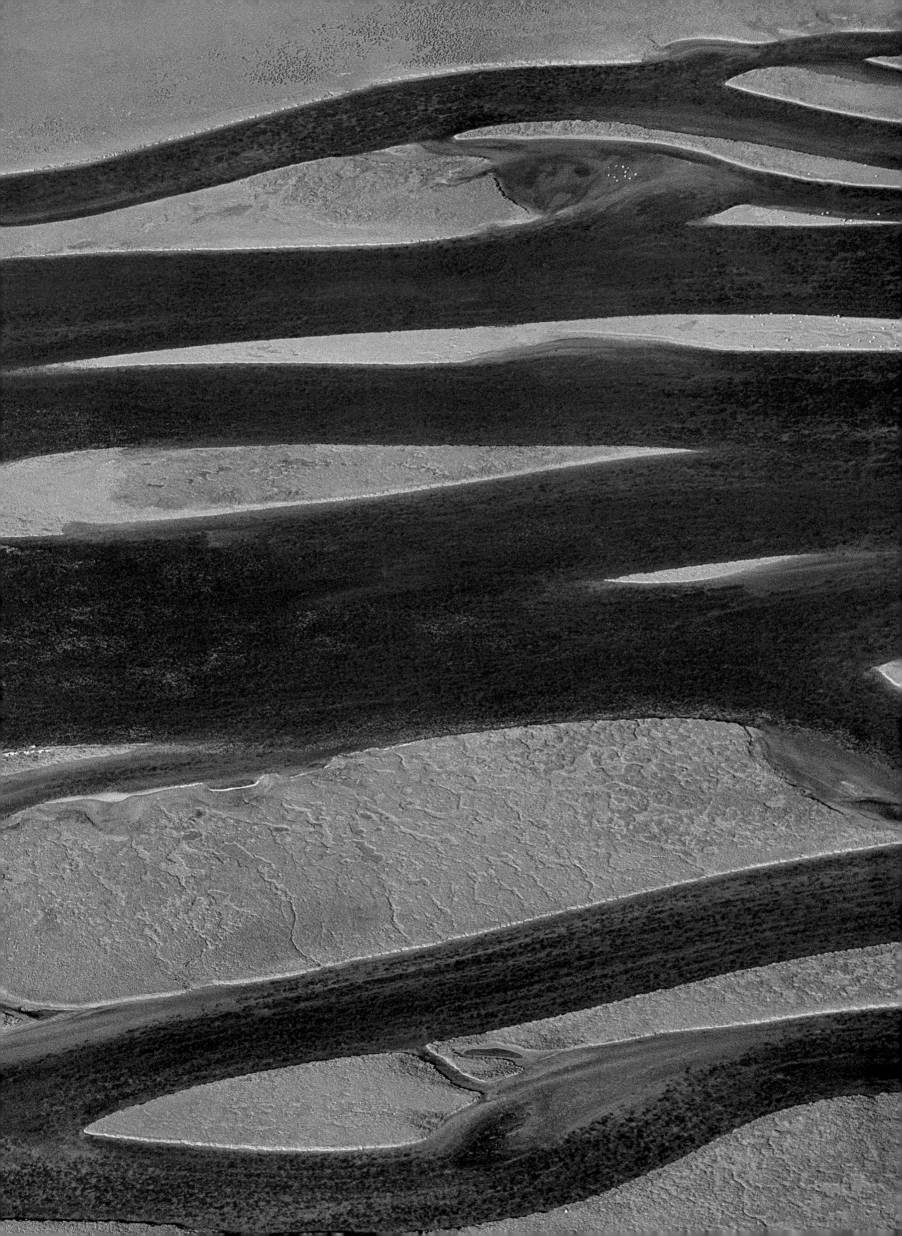

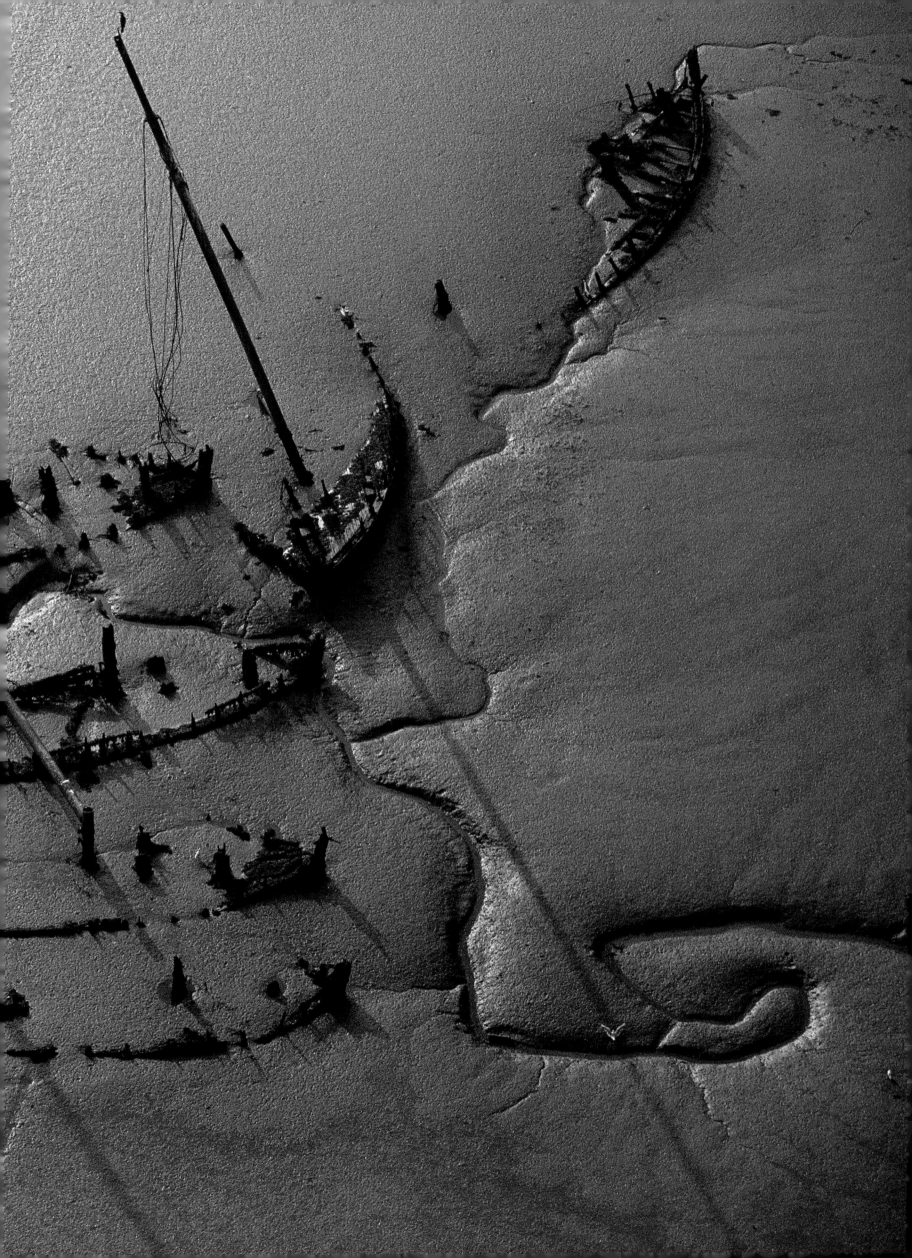

世界高速公路

和人们以为的相反，海上运输从未被更快或"更现代"的航空运输取代：海洋贸易如今仍占国际大宗贸易交流的90%。随着商品贸易的增加和全球化的发展，海上运输量甚至大幅增加了。1950年通过海上运输进行的商品交易量为5亿吨，而今天，这个数字达到了80亿。每天都有近5万条船航行在国际航线上，这是一种由海峡、港口和航道组成的海上高速公路。

事实上，人们越来越少选择海上交通了。曾经在数百年时间里，船都是帮助我们横跨大洋的唯一方法，依靠船，殖民、移民、奴隶等才能出现。今天，航船能抵达的不只是海湾、沿海岛屿和半岛这样的近海地区，航船也不再只是最贫穷的难民或偷渡移民的专利。船现在已经和海上旅行一起成为蓬勃发展的娱乐活动，全世界有几千万人次乘坐过邮轮旅行。

集装箱革命

20世纪60年代，在集装箱运输诞生后，海上货物运输经历了一场革命，集装箱运输大大简化了对货物的操控以及货物在船舶上的摆放，同时也能让货物得到更好的保护。2010年，有1200万个集装箱分散在世界各个海域。一种新型的集装箱船也随之现世。其中最大的一艘是艾玛·马士基号，长369米，是2006年开始下水的，它往返于欧亚大陆，每次能装载11000多个集装箱。

海上运输能用低廉的价格将货物从地球的一端运到另一端，使得进口工业加工产品比就地制造产品更便宜。这种形式的全球化导致了西方国家向非工业化发展：由于贸易的不对称，从亚洲出发运往欧洲和美国的集装箱中，有近50%在回程的时候都是空的。

但并不是所有货物都是靠集装箱运输的。也有一些货物是直接放在那些专业的货舱里的：矿石、粮食、液体、气体等。来来往往的油船（用来运输液体燃料）占到了全球海上运输总量的35%。

海上运输对环境的影响有哪些？

油轮的搁浅和沉海会造成原油外泄，这是最严重、媒体最关注的海洋污染之一。但这类海上事故已经在不断减少，其原因主要有3个：一是船舶的安全性在不断加强（比如双壳船的建造）；二是《防止船舶污染国际公约》设立的一些监管流程奏效了，已有100多个国家加入了该公约；三是各国规章制度的完善，如美国在阿拉斯加港湾漏油事件（1989年4万吨石油在阿拉斯加泄漏）后和欧洲在埃里卡号灾难后制定的规章制度。今天，这类大型船舶灾难只是原油泄漏中的很小一部分，远小于秘密排放。

除了这些泄漏之外，海上交通经常被看作是一项会造成轻微污染的活动。事实上，一艘船可以运输大量货物，因此，平均下来，运输同样体积的货物所造成的污染要比陆

▶ **在斯凯尔勒敦海岸（意为"骷髅海岸"）失事的爱德华·波伦号沉船，纳米比亚（南纬23°59'，东经14°27'）**

本格拉寒流从南极洲产生，一路沿着礁滩与浅海交替出现的纳米比亚海岸运动。这股寒流不仅造成了纳米比沙漠的干旱，同时也带来了汹涌的波涛、湍急的海流，以及将海岸掩藏起来的浓雾。因此，纳米比亚海岸对前往位于非洲大陆南端好望角的船员来说，是一条让人闻之色变的航线。纳米比亚沿海的海底散布着无数生锈的沉船，甚至有四轮驱动车和飞机，还有沉底的鲸类以及人类的遗骸。

每年有1200万个集装箱漂洋过海

这是一个大概的数字，因为是假定集装箱是20尺的标准大小来计算的，也就是按照一个集装箱约38立方米来计算的。但其实集装箱是有大有小的。每年，有5000~15000个箱子在海上遗失。

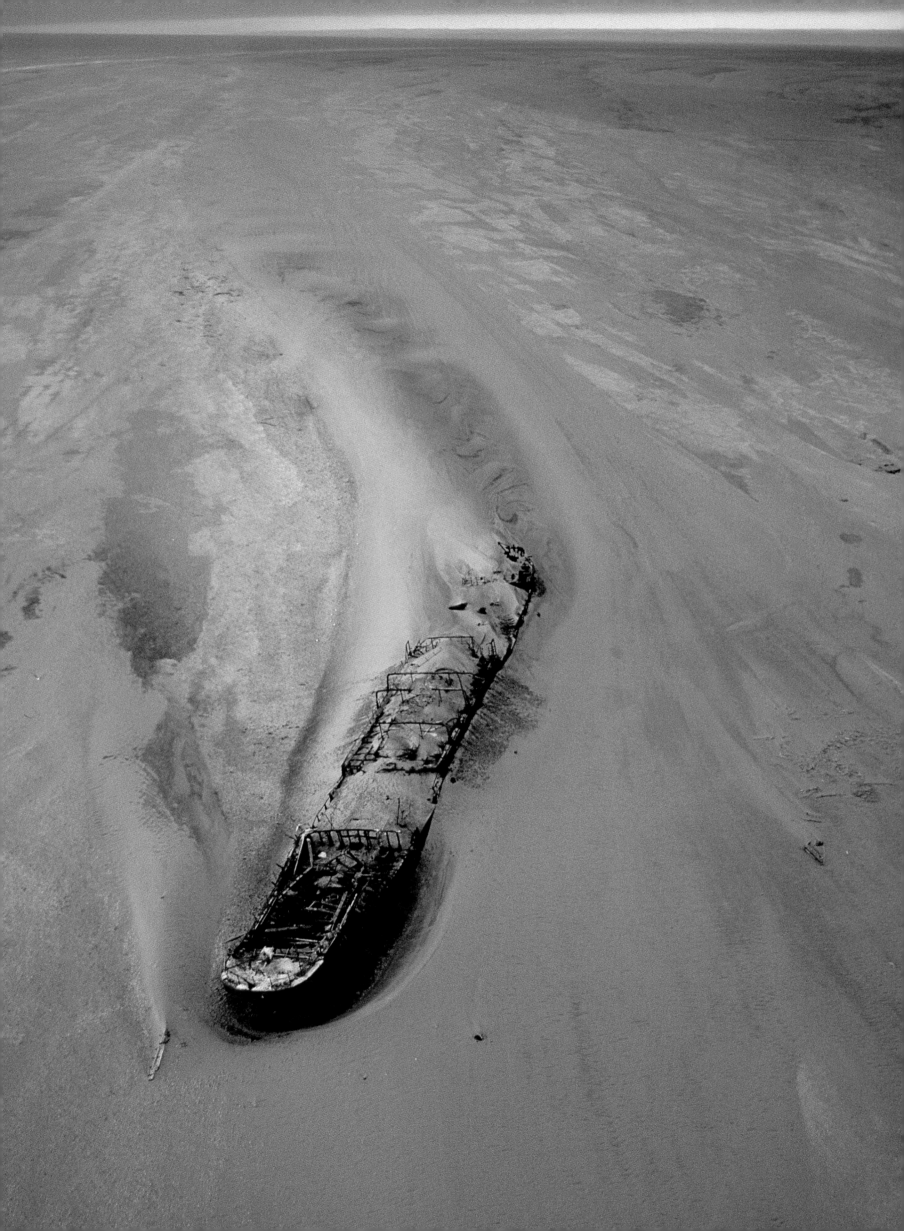

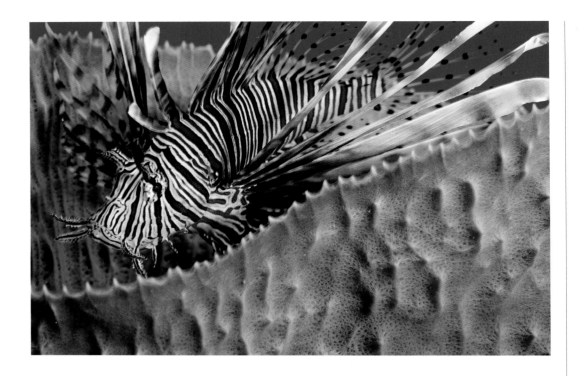

这种印度太平洋地区的物种因它含有剧毒的鱼鳍（这也是它名字的由来）以及它令人生畏的入侵潜力而闻名。这在20世纪90年代中期，魔鬼蓑鲉通过压舱水和水族饲养引入到北美沿岸、墨西哥湾以及南美洲。由于缺乏天敌，魔鬼蓑鲉大规模繁殖，密度达到了每1000平方米250只！它的扩张破坏了当地生态系统的平衡，同时还危害到了当地鱼类，尤其是那些具有很高商业价值的鱼类。

运和空运少。海运产生的二氧化碳只占人类所有活动所产生的二氧化碳总量的 3%。但是船舶使用的燃油中硫的含量很高，能达到 2.7%，因此船舶也会排放二氧化硫，这是一种温室气体，也是一种有害污染物。

《巴塞尔公约》

　　船舶有时会运输一些危险货品或有毒废物。1989 年，不包括美国在内的 170 个国家签署了《巴塞尔公约》，此公约规范了危险废物的运输，并禁止了有毒废物的出口，特殊情况除外。但是船舶搁浅时将废物倒入海中的情况仍在发生，非法倾倒的现象也时有发生，发生在 2006 年的普罗伯考拉号（Probo Koala）事件，就是船舶将石油废物和化学废物倒入象牙湾，造成了 17 人死亡和几千人中毒。

　　船舶本身有时也会被看作是废物，因为它自身也含有化学物质，如石棉、多氯联苯等。这些都是被《巴塞尔公约》列为废物的物质，理论上说，在拆解它们的时候也应该保证不会对人或环境造成伤害。但是操作起来可能会有些复杂，甚至荒诞，就像克列孟梭级航空母舰事件一样：它先是被送到了印度，接着又回到了欧洲，在漫长的争论后最终在英国被拆解。全世界有很大一部分船舶都是在孟加拉国和印度拆解的，在给当地人口带去了工作机会的同时，索取的健康和环境的代价也是不容忽视的。

　　此外，船舶交通也会对海洋动物造成危害。虽然还没有具体的数据，但是船舶与海洋哺乳动物之间的相撞经常发生，这对很多动物都是致命的。海上交通所产生的噪声也能对海洋动物造成伤害，在过去的 50 年里，海洋中的音量级已上升了 20 分贝。鲸类是靠声音交流和定位的，超大功率军用声呐的使用被强烈怀疑是引起海豚或鲸搁浅的原因。

国际海洋系统

　　和陆运一样，海运也应有自己的规定：我们要给贸易路线绘制地图、设置航标并进行监控，为此，需要配备海岸巡逻舰、应急设备、破冰船（特定地区），发生事故时确定船东和责任人的规则，等等。布列塔尼近海的乌埃尚航线就是其中一个例子。这条海上通道是全世界最繁忙的通道之一，每年都有 5 万多船次从这里通过，也就是每天近 200 船次。这里有一条往北走的航线和一条往南走的航线，这些区域都是单行区，两条单行线之间相距好几海里，且这里的航行受特殊规定的限制，特别是在 1978 年阿莫科·卡迪

最终的船舶拆解

　　每年都有500~1000艘大型船舶报废。在生命的最后阶段，这些船舶成为一堆废料，但它们的体积和它们所含有的金属总量决定了它们不是普通的废料，其中一些有毒（石棉、PCB、铅、锈、燃料残渣），另一些则可被重复利用（钢）。因此船舶的回收或拆解是一项有利可图但又很复杂危险的业务，因为成本原因经常被外包给发展中国家。由于在作业工程中几乎没有保护设备，且安全防范接近零，再加上长期吸入有毒气体或长期接触有毒物质，这个行业的伤亡率特别高。

　　每年在孟加拉国、印度、中国或土耳其，都有数百人在进行切割作业时死亡。如果在2009年商定的《香港公约》能在几年内得到批准，或许这种情况将有望得到改善：该公约要求船主在拆毁船只前必须向拆解工地提供一份船内危险材料的清单，并对作业过程提供监督，在违规操作发生时进行处罚。

斯号海难之后，这里全天都有人进行监管，还有一艘公海拖船随时待命。

大型国际港口的网络建设同样很重要，因为这些港口都是贸易航道的必经之处。它们能反映它们所在地区的经济与商贸实力。上海港，中国最大的港口，就是其中一个很明显的例子，现在它已超越新加坡港和鹿特丹港，成为全球最大的港口。2011 年，这里有 3000 万个集装箱，或者应该说是 3000 万标准箱 [EVP，20 英尺（约 6 米）标准货箱，一个单位表示一个标准集装箱；还有比这更大或更小的集装箱尺寸]。这些港口的管理通常被委托给一些私营企业，近年来，中国已在欧洲、美洲和非洲（勒阿弗尔、比雷埃夫斯、巴拿马……）的港口投资了几十亿美元，总部位于香港的和记黄埔有限公司现已成为全球最大的港口投资和管理公司。

方便旗和海盗

海上贸易在实现全球管理的道路上，至少要面对两个问题：方便旗和海盗。

方便旗的存在为船舶在那些没有坚守规章条例的国家进行注册提供了方便，船主因此可以少交税，在发生事故的时候逃避本该承担的责任，甚至藐视法律。例如被法国道达尔公司租用的艾丽卡号，悬挂的就是马耳他的国旗，船主是意大利人，保险人在百慕大，乘务员团队则是印度的。而普罗伯考拉号属于一家希腊公司，在巴拿马进行注册，被一家瑞士和荷兰公司租用，配备了一支俄罗斯的乘务员团队。这是个大问题，因为全球有一半以上的船舶都是在方便旗的庇护下航行的。

海盗出没的现象也卷土重来。索马里海域的海盗尤为猖獗，全世界一半以上的海盗行为都在此发生，但中国南海和几内亚湾的海盗势力也不容小觑。全球近 20% 的商船都要经过亚丁湾，而仅在这一个地区，2011 年记录在案的就有 237 起袭击和 28 起船舶被劫事件。虽说由于军船在亚丁湾地区越来越多地介入，袭击造成的损失（船舶安全、判

▲洋山港，杭州湾，上海，中国
（北纬 30°38'，东经 122°03'）

洋山群岛距离中国的经济之都上海约30公里，全球最大的深海港就在这里。该港口通过总长32.5公里的东海大桥与上海市相连，其中约有26公里的桥体位于海上。

决、赎金）在减少，2011 年损失仍预计高达 70 亿美元。由于商船在经过这些海域时会加速，有 27 亿美元完全用在了燃料的过度消耗上。

缩短距离，抵达大陆

大运河的开凿改善了航道，节省了时间和金钱。苏伊士运河开凿于 19 世纪，将亚欧大陆之间的路程缩短了至少 8000 公里。巴拿马运河则于 1914 年通航，它的出现使船舶只需航行 9500 公里就能从纽约到达旧金山，而巴拿马运河通航以前，船舶需要绕过合恩角，航行 22 500 公里才能到达。

偷渡客

这些运河使环境发生了深刻的变化，让那些分离了数百万年的生态系统又重新建立起联系。通常来说，货运数量的增加可以促进物种的传播。每天约有 7000 个物种在压载水中或附着于船壳上被载往世界各地。当这些物种在新的地方定居或繁殖后，便可成为"入侵者"：它们可以造成环境、经济、社会或卫生方面的混乱。呈胶状体的淡海栉水母（Mnemiopsis leidyi）和水母很像，但却不是同一种动物，它们很可能是在 20 世纪 80 年代通过从北美出发的船舶的压载水进入黑海海域，并大量繁殖。这种捕食者以小型动物、浮游生物以及鱼卵和幼鱼为食，且数量多、食量大，导致黑海海域的鱼群尤其是鳀鱼群的数量急剧减少，使原本一年有数百万美元收益并提供大量工作岗位的当地渔业毁于一旦。

▲ **在马图拉海滩上产完卵后正爬回大海的雌性棱皮龟，特立尼达岛，特立尼达和多巴哥共和国**

棱皮龟是旅行最远的海洋动物之一。为了从摄食区域到达产卵区域，它们要游过数千公里的海域，这个过程要花 2 到 5 年，在这段时间，它们会在体内储备好足够的能量来准备繁殖。而鮣鱼却是差劲的游泳者，会附着在鲨鱼、剑鱼或海龟身上，以获得食物和高效的交通。

海上交通，气候变化的受益者

海上航线不仅随着贸易顺逆的改变而改变，同时也随着气候的变化而变化。北极冰块的融化或许可以开启能发挥巨大作用的新航道：那些往返于亚欧大陆的船舶不再需要跨越巴拿马运河，而是可以直接从"西北航道"前往加拿大北部。东京－鹿特丹航线现长 23000 公里，未来它将缩短至 16000 公里。如果船舶从俄罗斯北部与"西北航道"对应的"东北航道"走，航行距离将减少至 14000 公里以内，比通过苏伊士运河的航线缩短 7000 公里。

1903 年至 1906 年之间，罗阿尔·阿蒙森花了 3 年时间才成功通过"西北航道"，在此之前好几位探险家都葬身于此，而今后只需几周就能做到了。自此，有 150 艘左右的船舶跨越过这条航线，其中大部分都比较顺利。根据气候变化的情况来看，今后这样的情况会越来越多。

然后，尽管各个国家和船主都在做准备，但任何准备都还没完成，而且北极的融化还加剧了北极圈各国（参见第 238 页米歇尔·罗卡尔的专访）之间的领土之争。基础设施缺乏，一条重要航道的开发可能会威胁到现今仍受到冰层保护的生态系统。总之，能够确保航行的必要条件还不成熟。即将面临的大规模挑战，让这个地区变成安全、经济、法律和环境等多重问题的集中地。

更小的世界

全球变暖开启了新的海上航道，而不断上涨的石油价格会促使船主想办法缩短航线、选择新航道。除非人类选择另一种发展模式，并重新定位经济，否则不可能减少全球贸易，限制温室气体的排放从而阻止冰川融化。

杉叶蕨藻（Caulerpa taxifolia）的例子

杉叶蕨藻是一种具有侵略性的热带藻类，1984 年意外从摩纳哥水族馆"出逃"了。在经过一次变异后，这种藻拥有了抗寒能力，能够适应地中海气候，在冬天也可以存活。它的生长速度非常快：当水温在 20℃以上时，每天能生长 1 厘米，而地中海的地方性海草波喜荡草（Posidonia oceania）一年只能生长 6 厘米。因此波喜荡草开始逐渐被杉叶蕨藻取代，导致像紫海胆（Paracentrotus lividus）这样的动物群落数量减少。这样的快速繁殖同样对渔业活动（渔网负重增加、捕鱼效率降低）和潜水（景色单一）造成了损失。人们采取了各种措施来应对这种藻的入侵。法国克罗斯港国家公园每年都会对园内的杉叶蕨藻进行搜查和清除，潜水志愿者也会定期聚集起来完成清除任务。得益于这些努力，公园在这场斗争中不断获得胜利。

专 访

除了斗争，我们别无选择

伊莎贝尔·奥蒂西耶（ISABELLE AUTISSIER）

她热爱大海，是第一位在比赛中完成个人环球航行的女性。伊莎贝尔最初是科学家、农学及渔业工程师，因驾驶帆船航海而为人们所熟知。作为海洋的见证者，她在2009年当选为世界自然基金会法国分会的主席。

您和海洋之间似乎有一个漫长的充满爱的故事？

是的，这个故事始于我的童年：从那时起，我就开始被大海吸引。我感受到海洋惊人的美，我很喜欢船倾斜在海上的感觉。从很早开始，我就意识到我的职业、爱好以及各种活动都将围绕海洋展开。之后，为了能在海上工作，尤其是为了能够和渔民一起工作，我开始专门研究渔业工程。这就是我在之前十来年里做的事情。

后来这种关系变得与运动有关了吗？

那时航海已经成为我生命的一部分了，因为我已经建造好自己的帆船，并驾驶它航行了一年。通过比赛，我和海洋的关系全方位升级了，尤其是对它的认知丰富了许多。因为如果我们想在海上快速航行，并在操作过程中反应敏捷，就必须对它有完整的了解。

您在所有海域都航行过，海洋还是人类所描写的那样未经污染吗？

地球上没有任何地方是没受污染的，不论是高山、南极还是海底。人类活动的影响在世界任何角落都可以见到，这就是我们这个时代的悲剧。

"通过比赛，我和海洋的关系在各个层面都变得更加丰富。"

我非常幸运能去一些被保护得很好的地方，我们当然不会在南半球的海底看到漂浮的塑料袋，但是全球变暖已经发生，塑料小碎片也随处可见。而海洋就是有一种魔力，让我们在茫茫海中环视四周时，仍觉得自己是这世界上唯一的人。

您成为海洋的代言人了吗？

这是继科学和运动之后我的第三生命。通过电台、舞台、写作或是我在世界自然基金会的工作，我希望向尽可能多的人分享我的所见所闻，让他们感受到这些或许很远、几乎难以抵达的地方是什么样的。我在努力让人们可以参与到保护海洋的行动中来，而要做到这一点，最有效的办法就是让他们爱上大海：只有喜欢的东西才能被我们保护好。一味哀叹是不够的。轻言放弃也是不应该的，因为现在一切都还有救。除了继续战斗，我们别无选择！

如何影响那些还没开始为海洋环境担忧的人？

最应该影响的并不是那些在海上航行的人，因为他们中的大多数已经在留心了。而海洋中80%的污染来自人类的陆地活动。所以，必须让城市居民意识到，在城里扔的那些东西迟早会进入海洋。

所以您是将您对海洋的爱转化成了承诺与行动吗？

不管是在现在还是之前的工作中，我都能有机会提出一些与海洋有关的问题。

"我们真正能保护的，只有我们所爱的。"

世界自然基金会参与到了一些和金枪鱼以及海洋保护区有关的重要活动中，其中涉及的地区包括圭亚那、新喀里多尼亚和地中海等。

在"里约+20峰会"失败后，我们还有哪些计划？动员的对象会是全球公民吗？

政治家们会按照我们要求的去做。在里约峰会前，没有人行动，所有人都觉得它会失败，而最终也确实失败了。这就要求我们都参与其中，对政策发出疑问，并采取适当的措施。夏天，人们往往会去海边，这时必须告诉他们，并不是所有事情都非要在海边做不可。行动，是一个整体：每个人都应该行动起来，并以此影响我们的领导人。未来不在任何其他地方，未来就在我们的行动中。

统营近海的海藻养殖，庆尚南道，韩国
（北纬 34°53'，东经 128°28'）

2006年，韩国食用藻的湿重产量达到了76.5万吨。部分品种晒干制成薄片后再进行售卖，主要用于包裹寿司，另一部分则被用到汤羹或调味料中。海藻作为真正的"海洋蔬菜"，是蛋白质和维生素的重要来源。

潜水员在一条条纹四鳍旗鱼（Kajikia audax）附近，加利福尼亚州海域，墨西哥

这种漂亮的鱼是世界上游速最快的鱼之一，最高游速可超过每小时100公里。这使得人们将捕获它们视为挑战，导致这个品种成为最受垂钓者欢迎的鱼类之一。然而，过去三代四鳍旗鱼的数量下降了25%，而这主要是在捕捞金枪鱼时的误捕造成的。如今四鳍旗鱼也已成为濒危物种。

鲨鱼湾：拉里登湾的长沙滩，佩伦半岛，西澳大利亚州，澳大利亚
（南纬 26°12'，东经 113°43'）

佩伦半岛位于鲨鱼湾，它的名字来自法国探险家和博物学家弗朗索瓦·奥古斯特·佩伦（François Auguste Péron），他在19世纪初参加了由尼古拉斯·博丹（Nicolas Baudin）发起的在鲨鱼湾沿岸的探险。他总共收集了10万余种标本，发现了2500个新物种。

一只雄性娃娃鱿鱼（Loligo opalescens）为了繁殖用触手包住了一只雌性娃娃鱿鱼，加利福尼亚州，美国

繁殖期的娃娃鱿鱼成百万上千万地聚集在太平洋海域。交配的时候，雄性会用触手将雌性紧紧围绕，将装有精子（精子托）的精囊放入雌性的生殖孔中。在此期间它的触手是红色的，以告诫其他雄性不要过来打扰。雌性平均能产100至200个卵，产下的卵通常会被固定在暴露于洋流的区域，以保证通风。小鱿鱼会在3到4周后孵出。它们一生只繁殖一次，完成繁殖后就会死去。

用于晒干海藻的网，莞岛群岛，韩国
（北纬 34°19'，东经 127°05'）

这个群岛位于朝鲜半岛的东南部，由200多个大大小小的岛屿组成，有的有人居住，有的荒无人烟。水产养殖，尤其是藻类养殖，是这里的主要产业。食用藻过去只能收割一次，而如今已经实现大量种植了，韩国、中国和日本均是世界上最大的藻类消费国。

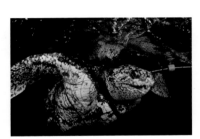

棱皮龟在快淹死前从流刺网中被放出来，格朗德里维耶尔，特立尼达岛，特立尼达和多巴哥共和国

棱皮龟被国际自然保护联盟列为"极危"物种。1996年的一份研究估计，雌性成年棱皮龟的数量在一代内就下降了70%。让它们消失的罪魁祸首就是人类活动。而下降的原因主要有三个：塑料造成的水体污染；占海洋垃圾10%的废弃渔网；以及人类对棱皮龟产卵所需要的海岸进行的改造和破坏。

洛斯米科斯潟湖，圣佩德罗苏拉，洪都拉斯
（北纬 15°47'，西经 87°35'）

洛斯米科斯（意为"猴子"）潟湖位于珍妮特·卡瓦斯国家公园中，被红树林环绕，是浓缩版的热带繁茂景象。为了纪念环保行动主义者、同时也是环境协会前身Prolansate的共同创办人的珍妮特·卡瓦斯，洪都拉斯国家公园选择以她的名字命名。1995年，珍妮特在为特拉湾的保护区抗争时被杀害。如今，传统的加里富纳村庄旁是新建的华丽的酒店。

一群金带齿颌鲷（Gnathodentex aurolineatus）中的血斑异大眼鲷（Heteropriacanthus cruentatus），小笠原群岛，日本

小笠原群岛，也被称为博宁群岛，由30多座岛屿组成。2011年，这些岛屿因其独特的海洋及陆地生物多样性被联合国教科文组织列入世界遗产名录。小笠原群岛同时也有着"东方科隆群岛"的称号。

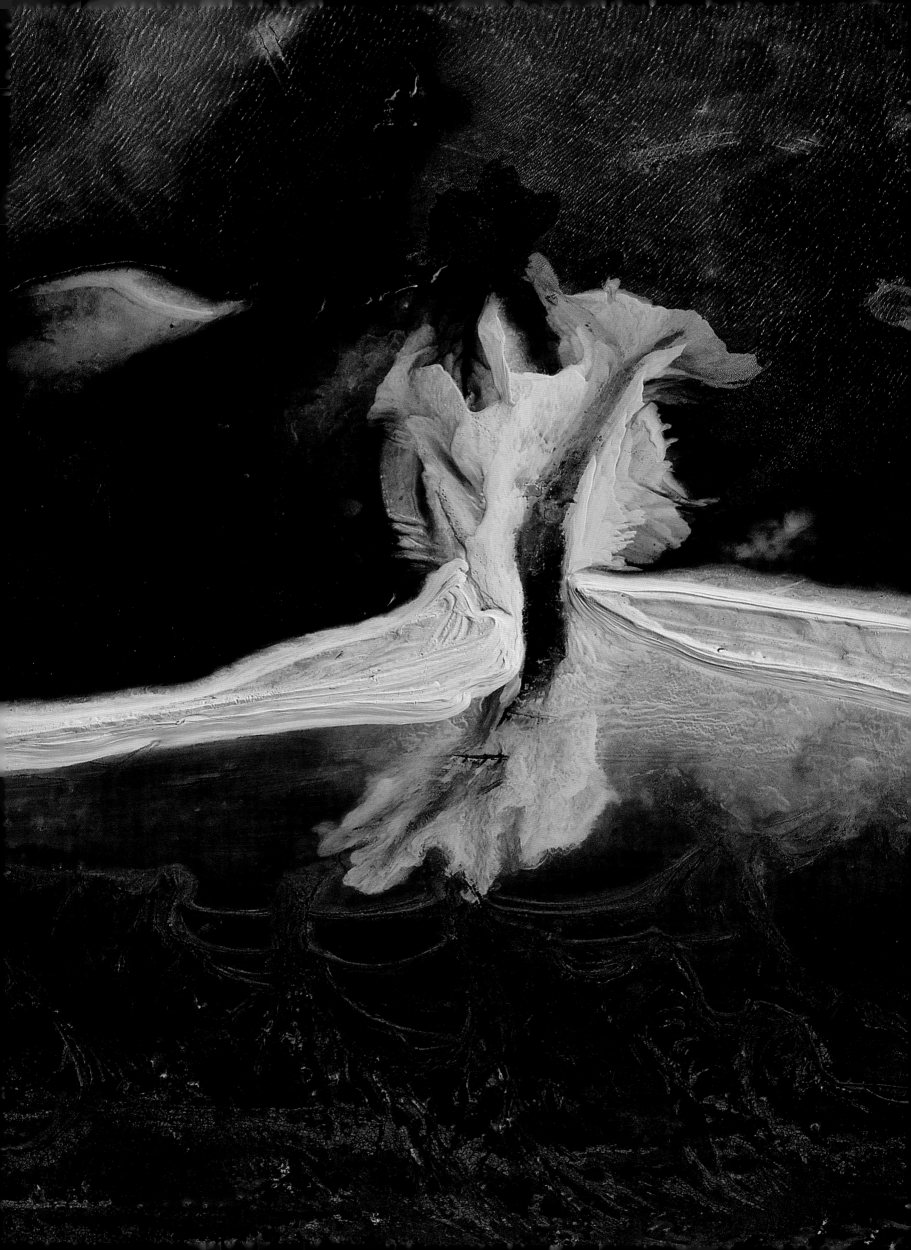

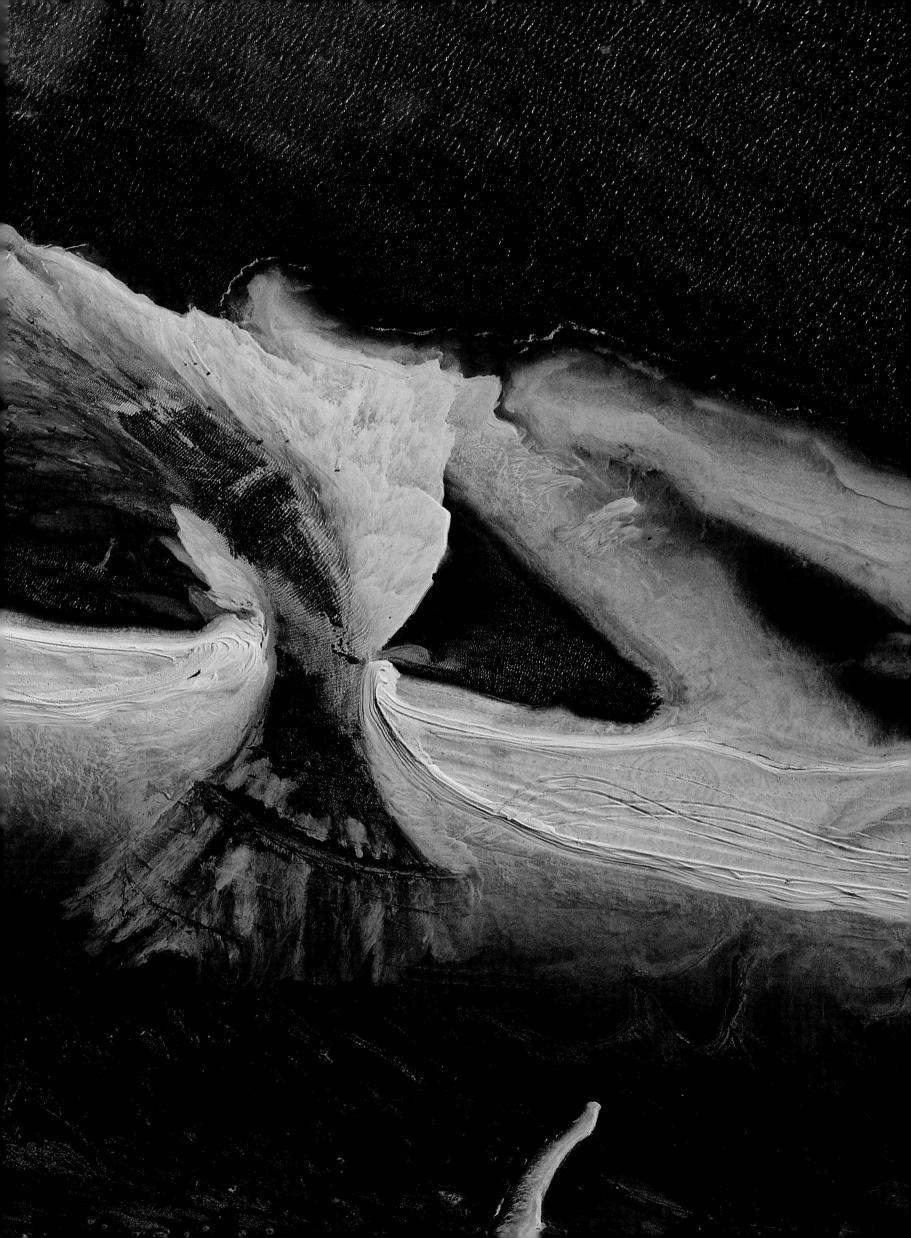

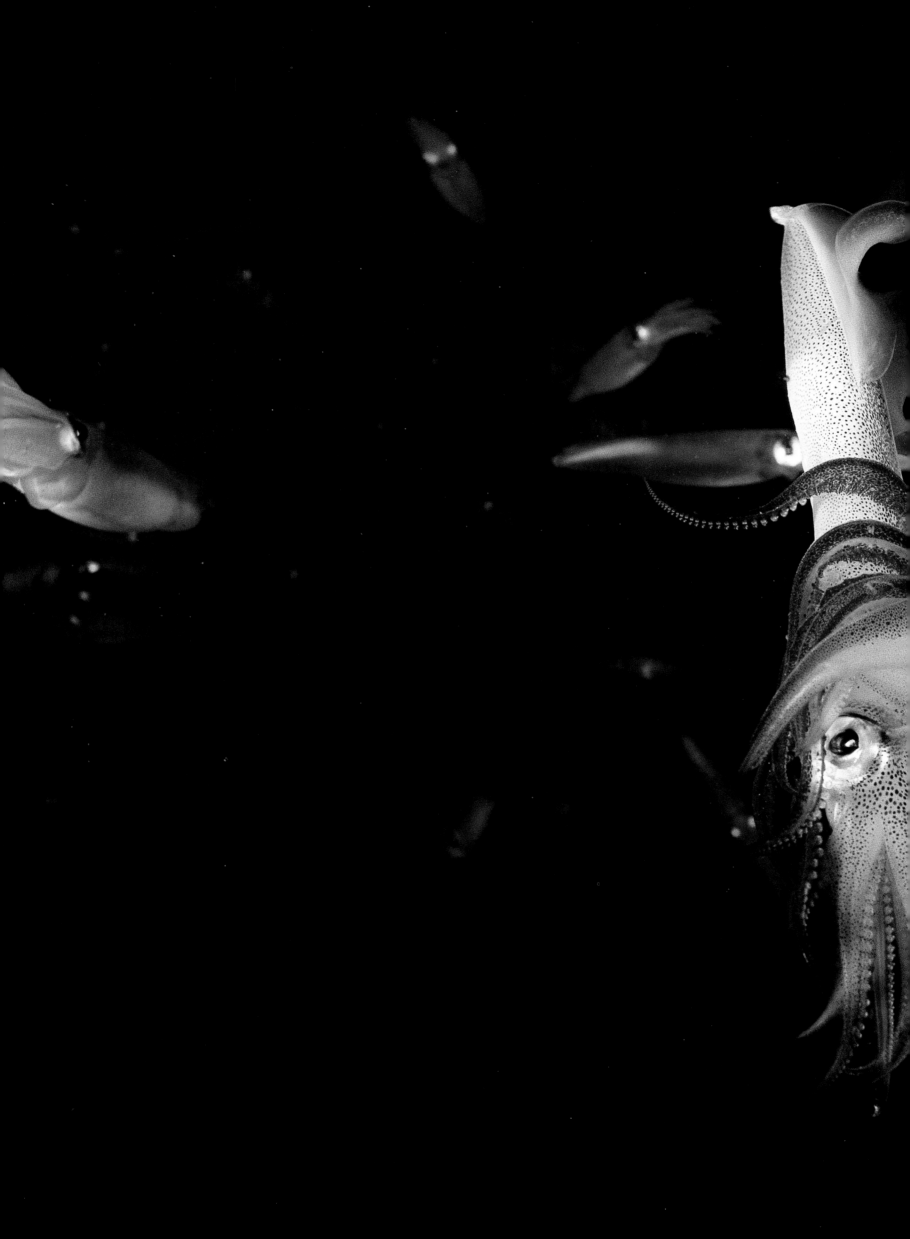

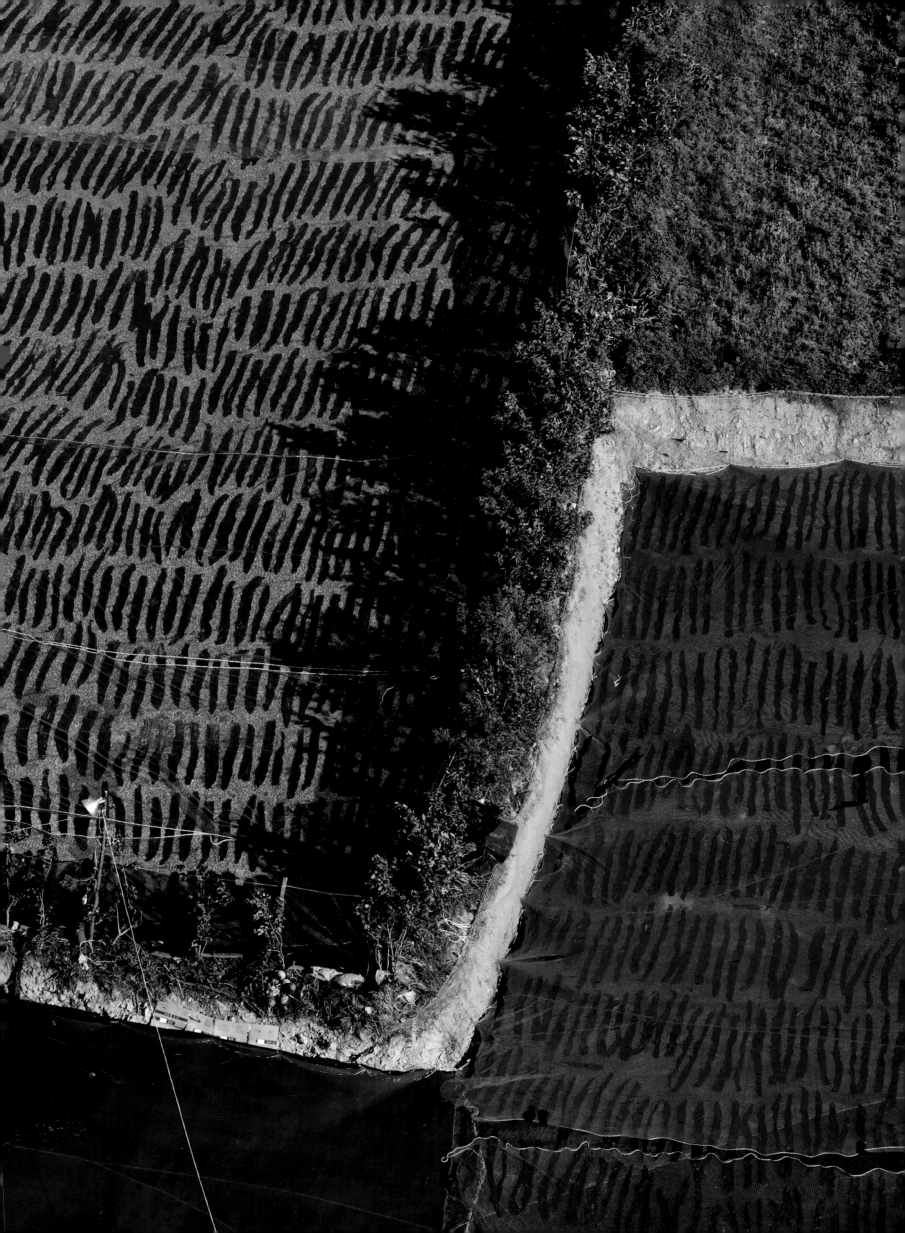

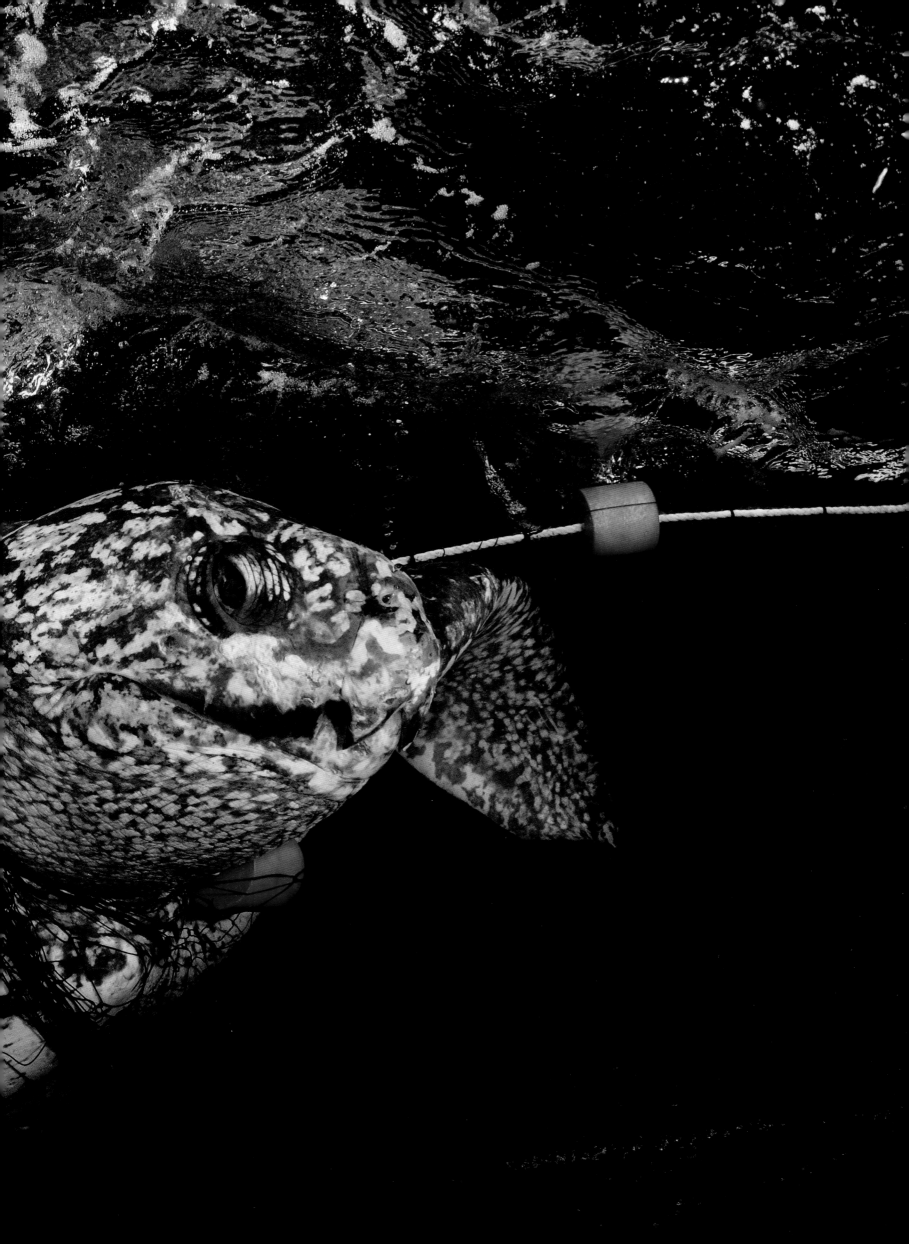

气候调节故障

数年来，科学界都在不断地仔细观察海平面的变化，担忧也随之不断加深。全球海平面在维持了数千年的稳定后，从 1900 年起又重新开始上升了。在整个 20 世纪，上升的速度都维持在每年 1.7 毫米，现在却开始加速了：卫星监测出的结果显示，现在海平面每年上升的高度已超过 3.2 毫米，而卫星是目前唯一能准确监测全球海洋情况的工具，这些靠卫星得到的数据会再经过验潮仪（被固定在海底、用来测量海水水位的工具）的全球网络进一步确认。

令人担忧的海平面上涨可以用这几个字来解释：全球变暖。计算和测量的细节是复杂的，海水上涨的基本机制则很容易理解。其中有两个过程：其一是热胀冷缩。海洋在加热后体积会增加（就像所有的固体、液体和气体一样）。而海洋吸收了全球变暖的大部分热量，这就让它处在膨胀的状态，导致海平面上涨。其二是大陆冰川的融化。大量的水分以冰的形式被固定在极地冰盖（格陵兰岛和南极洲）或分布在地球各处成千上万块大陆冰川中，从西伯利亚到阿尔卑斯或安第斯山脉再到喜马拉雅，这些冰川被称为"冰冻圈"。然而在整个冰冻圈中，看起来只剩南极洲东部的冰盖还是稳固的，绝大部分的陆地冰川（90% 以上）都在融化，其中就包括格陵兰岛冰盖和南极洲西部冰盖，而海洋是这些融化的冰水的最终接收者，海平面不可避免地要上升。如果海平面保持现在的上升速度，那么直到本世纪末，应该都还不会出现什么大问题。但是在观察到冰冻圈的快速消融，尤其是格陵兰岛和南极洲西部冰盖融化速度的加快后，大部分专家都预计海平面的上升速度也会加快。目前科学界的主流观点是，海水在 21 世纪的上涨高度将超过 1 米，甚至更多。

100年上升1米

若 100 年的时间里海水高度将上涨 1 米，那么可能将会给财富和人口高度集中的沿海区域造成巨大的损失。有千百万人住在海拔最低的这些地区，如孟加拉国、尼罗河三角洲地区和一些岛国。人们也会想到海拔极低的全球重要货运国际港上海，脆弱的港口设施设备无法抵御沿海风暴的来袭；还有另一座极为重要的国际大都市纽约，众所周知，这座城市在面对海平面上升时几乎无计可施。虽然很难给出具体的数据，但几百万乃至几亿人都有可能要离开他们的家乡，被迫成为"生态难民"。

人类面对的威胁很严峻，这应当归咎于全球变暖，除了海平面上升的问题之外，其他比较不为人知的海洋的破坏，也同样说明这个作为生命发源地的生态系统因我们过度排放的碳而生病了。要知道，海洋充当了地球气候调节器的作用，减少了温差，使我们星球更宜居，毕竟生命是很难适应极端环境的。当人类活动造成全球变暖、引起各种各样的失衡时，海洋发挥的作用至关重要：它就像一个缓冲器，吸收了我们给环境造成的一部分最猛烈的冲击。这个缓冲器主要可以调节两种相互联系的因素：温度和大气碳。

> **海豹母亲（竖琴海豹）和她的孩子一起在圣劳伦斯湾海域，加拿大**

竖琴海豹生活在北大西洋的北极海域。主要有三大群体，分别生活在俄罗斯北部、斯匹茨卑尔根岛（斯瓦尔巴）和纽芬兰岛。新生的海豹被称为"blanchon"，因洁白无瑕的皮毛而闻名。不幸的是，这样的皮毛使小海豹具有极大的商业价值：每年都有近40万只海豹被屠杀，其中95%的皮毛都被用在时尚产业。

从 1992 年开始，陆地温度平均上升了 0.4℃

如果这个趋势将继续持续，那么到2100年，平均温度可能会上升3.5 ℃~4℃。

碳泵

此外，海洋把人类制造的大部分变暖的大气都埋藏在其深处：据估测，在人类排放的温室气体中，地球获得的能量只有10%对气温的上升起到了实质性的作用。剩下的90%都进入了海洋，尤其是深海。当然，这些卡路里并没有消失，而是最终会扩散至海水表面，但是对像地球这样有生命存在的星球来说，一切能缓和全球变暖冲击的方式都应该珍惜。

所以说海洋对陆地气温的调节起到了重要作用。同时，海洋还吸收了大气中我们释放的很大一部分的碳，双倍地减轻了使用碳氢化合物对地球造成的冲击。人类自工业革命起排放的二氧化碳，不少于三分之一都进入了海洋，才没有造成气温的上升。这个海洋"碳泵"的作用源于两个现象。一方面，存在一个"物理泵"，其原理是二氧化碳是一种水溶性气体：在所有与空气接触的海表，二氧化碳分子从大气中脱离，溶解在海水中，不再对气候变暖造成影响。"物理泵"哪怕是在生物贫瘠的海水中也可以很好地运作。除了"物理泵"，还有一个"生物泵"。如其名所示，是靠海洋植物起作用，特别是浮游藻类，通过大量吸收海表的二氧化碳来保证自身的生长。这些藻类中的很大一部分之后会以"浮游雪"的形式（草食性动物的尸体、粪便、黏液以及有机颗粒的混合物）落入深海，长久地将碳与大气隔离开来。

不幸的是，全球海洋虽说体积巨大（13.4亿立方千米的水！），却已经因人类排放的二氧化碳而发生重大变化了。虽然人类对这台气候机器的运作机制还不够了解，无法对这些变化将带来的影响做出精确预测，但总的变化趋势是确定的：这一切都显示人类排放的二氧化碳正在削弱海洋的调节能力，不管是对生活在其中的生物，还是对全球陆地和海洋气候。这都是令人担忧的。

▲ 拉贾安帕特群岛，西巴布亚，印度尼西亚
（南纬 0°41'，东经 130°25'）

拉贾安帕特群岛（四王群岛）的4座主岛周围散布着1500座小岛。据国际非政府环保组织在2002年发布的一项报告称，这里是全世界海洋生物多样性最丰富的地区之一，其中包括已知的一半以上的珊瑚物种——也就是超过550种不同的珊瑚——以及数百种鱼类。

海洋中多出了 35% 的酸度

海洋酸度由pH值（酸碱度）来衡量。1800年海洋的pH值是8.2，如今，这个数字降到了8.05。据科学家们预测，到2100年，这个数值将下降到7.85，也就是酸度升高152%。

处于问题核心的北大西洋

最令人忧心的问题之一便是在北大西洋海底的大西洋经向翻转洋流（AMOC）的未来，仅这一个洋流就往两极运送了近四分之一的能量。它由大量来自热带并向深海运动的表层海水组成，热气散发到大气后，海水开始变冷、变咸，密度也随之增加了。问题就在于北大西洋是全球升温最快的地区之一。这里海水的温度越来越高了，再加上高纬度地区（加拿大、西伯利亚、格陵兰岛等等）冰川的融化，海水的含盐量越来越低。靠低温和盐度海水向海底运动的动力也会因此减弱，虽然专家们对于减弱的速度和规模还有争议。随着大西洋经向翻转洋流的减弱，从大气中进入海洋并向深海运动的二氧化碳比例会降低，与此同时，向北运动的热带地区形成的热力环流也会增大，最终将导致气候紊乱。

碳的"物理泵"作用也开始增强了。根据物理定律，气体在温水中的溶解性不如在冷水中的好：海洋将因逐渐升温而减弱吸收二氧化碳的能力。自前工业化时代以来，表层海水的温度，也就是与大气发生交换的海水层的温度，已经升高了 0.8℃，这种上升将不可避免地持续下去。

海洋酸化

"生物泵"的变化更难被察觉。我们已经知道的就是海水不仅温度越来越高，而且酸度也越来越高。海水酸化主要由二氧化碳的化学作用造成，因为二氧化碳溶于水后会生成碳酸。由人类活动产生的大量二氧化碳在海水中聚集，造成了海水的酸化：海水的酸度在一个世纪内降低了 0.1pH（测量酸度的单位）。从现在到 21 世纪末，酸化程度有可能达到 0.4pH 或者 0.5pH。差异如此大的化学条件会让有钙质贝壳的贝类、珊瑚、软体动物和大部分浮游植物的生存更加艰难，其他生物是否能承受住海洋酸化还未可知。如果变化持续下去，那么不管怎样，我们都能预料到生态系统将有大规模的动荡：一些物种将被其竞争者取代，另一些将消失且不会留下后代，还有一些会继续繁衍下去。

珊瑚的死亡

珊瑚礁对气候变化的影响是最敏感的：气温的升高会让珊瑚变白。造成这种现象的原因是珊瑚和它所庇护的共生藻（虫黄藻）之间的共生关系破裂了——虫黄藻离开了珊瑚水螅或是失去了光合作用的能力。而如果光合作用长时间无法恢复，珊瑚就会死去。二氧化碳浓度的上升和由此引起的海水酸化也将对珊瑚产生影响。海水酸化会加大珊瑚钙化（也就是珊瑚石灰石骨架形成）的难度。除了这些新出现的威胁外，珊瑚一直以来还要面对过度捕捞和水体污染等威胁。全世界珊瑚礁的处境给科学界敲响了警钟：2012年，全球 2600 位海洋学家齐聚澳大利亚，呼吁人们行动起来，为这种基础的生态系统的存活做斗争。

北极熊

大浮冰是北极熊休息和捕食海豹的平台，大浮冰的融化对它们造成了威胁。大浮冰对北极熊进食和脂肪储备的形成不可缺少。尽管北极熊在地球上已经存在了60万年，有时候会和棕熊杂交，并从几个冰期以及一个暖期中幸存下来，然而受大浮冰融化的影响，它们的未来却不甚明朗。这种跖行动物已成为全球升温中代表性的受害者。

然而，春天冰川融化的时间在每100年里会提前8天，而且每次融化的比例都越来越大。因此，对北极熊而言，狩猎的季节越来越短，挨饿的时间越来越长。2011年，我们有幸观察到一只母北极熊连续游了9天，一共游了687公里才到达了它的那块目标大浮冰：一项新的纪录！

在加拿大的哈得孙湾，自1987年以来，北极熊的数量已经减少了22%，它们的身形也不如以前壮硕了：母熊的体重比30年前平均下降了30千克。

面对可以预见的北极大浮冰的消失，以及由此引起的北极熊的消失，一些人倡议捕捉更多的动物，并将它们放到动物园里保护起来。但是北极熊和它的兄弟棕熊不一样，北极熊是肉食性动物，习惯拥有一块广阔的狩猎空间，并且很难适应密闭的环境。

目前有2万~2.5万只北极熊生活在大自然里，世界自然保护联盟已将它们列为易危物种，美国也将它们列为濒危物种。

大浮冰的融化

最后我们还应说说大浮冰，海洋中影响气候的另一重大因素。从全球范围来看，大浮冰的数量在显著减少，这极有可能是气候变暖引起的。如果我们仔细分析，就会发现北半球大浮冰消失的速度非常快（近30年来，表面积每10年减少11.5%），而南极洲周围大浮冰的表面积则在近30年内有小幅增加（每10年增加2.7%），但我们未能查明原因，可能与风区的变化有关。根据建模人员的分析和推理，尽管我们还不清楚大浮冰的表面积最终会减少到什么程度，但可以肯定的是，大浮冰表面积减少的现象将会在北半球持续下去，并蔓延到南半球。而这些浮冰是地球的天然空调：阳光被它闪闪发光的表面反射回去，减少地球对热量的吸收。反之，若大浮冰融化，深暗的海洋就会吸收阳光，储存阳光中的热量。而这其中涉及的面积是非常大的：北极大浮冰的覆盖面积达1200万平方公里，南极则是1400万平方公里。可以说，大浮冰是一块比北美洲还要大的"镜子"，它所产生的影响是全球性的！

通过对海洋与气候之间的多重相互作用进行总结分析可知，海洋环境这个巨大的气候调节器今后有可能失灵，海平面的上升威胁着沿海居民和全球财富中的很大一部分。保护海洋和保护生物圈的方法是一样的：都需要我们从现在起就立即减少温室气体的排放。

◀在一块失去控制的冰块上休息的港海豹（Phoca vitulina），鄂霍次克海，北海道，日本

港海豹居住在北半球沿岸和北冰洋地区。全世界可能生活着约35万到50万只港海豹。从全球范围来看，这些海豹的生存没有受到威胁，但是在某些地区，它们处境艰难。比如，在挪威沿海岸，误捕造成了当地48%的海豹死亡。

▶绿海龟（Chelonia mydas）在海草丛里进食，伯利兹

在很多热带地区的大叶藻（带状的海洋植物）丛附近都会有绿海龟的身影。成年后，它们就基本只吃海草的叶片了。这就意味着它们的生命与海草的生命息息相关，而后者如今正受到来自人类活动所带来的威胁。

海草

全球大部分海洋广袤的海底草原并不是由海藻，而是由海草组成的，海草和陆生植物很像，因此被称为"水生植物丛"。植物离开海洋环境已经有近 4 亿 7500 万年了，而其中一些在 1 亿年前又重回海洋。而它们，就是目前地球上所发现的这 64 种海草的起源。这样一段进化史以及海草所拥有的特性，就形成了海洋世界中最"陆地化"的生态系统。

和海藻不同，这些海洋植物有根、叶、花、果。它们主要进行的是无性繁殖，并依靠地下根系（根茎）的扩张来生长。因此，单个植株的根系可以延伸到几公里以外，并且可以活很久：阿尔及利亚的海草有可能已经达到了 8 万~20 万岁的高龄了。促成有性繁殖的开花是极少见的，比如地中海地区的波喜荡草（Posidonia）一年开花的次数就不到一次。

海草丛是世界上最多样化的生物系统之一，也是生物多样性最丰富的生态系统之一。一些标志性的物种如儒艮、海牛和海龟都会直接取食海草叶片：儒艮每天可以吃 40 千克海草，而绿海龟每天可以吃 2 千克。海草丛还庇护着大量的不直接以海草为食的物种，其中包括很多种成年和幼年鱼类（石斑鱼、梭子鱼）、软体动物（珠母贝）、海洋蠕虫、海胆、海星和螃蟹。海草丛同时也是像海马这样的极其脆弱的物种的保护地。波喜荡草丛中就生活着约 50 种地方性的或依赖性很强的物种。

海草也被看作是生态系统的工程师，也就是说它们能对周围的生态系统进行调节。海草的叶片中含有沉积物，它们的根能起到稳固海床、防止海床受侵蚀的作用。海草可以自动过滤海水，还能通过光合作用产生大量氧气，再通过根系传递给沉积物。

在全球范围内，海草生态系统是产量最高的生态系统之一，每年能固定 2700 万吨的碳。最近的一些研究显示，与主要将碳储存在木头中的森林相反，海草将 90% 的碳储存在了土壤中。在地中海地区，这些草原能够将碳封存在地下几米的深度。在过去的几个世纪里，近 190 亿吨的碳被海草储存在了海底土壤中。

和珊瑚、红树林一样，海底草原也属于十分脆弱的生态系统，特别容易受到来自海岸的人类活动的威胁，甚至可以被看作能最早感知环境破坏的环境前哨站。据估计，可能有 29% 的海草已经消失了，并且目前仍在以每年 1.5% 的速度继续消失。污染、疏浚、被锚拔出、富营养化、过度捕捞、脱盐化以及如杉叶蕨藻等物种的入侵，都能对这个重要的生态系统造成威胁。

专 访

让北极准备面对未来的问题

米歇尔·罗卡尔（MICHEL ROCARD）

法国前总理米歇尔·罗卡尔被任命为2009年负责南极和北极相关的国际谈判的法国大使。他对北极地区所面临的挑战进行了评估。这里幅员辽阔，正在经历重大转变，气候变化使资源更易开发，也使得这里更受沿岸国家的觊觎。

北极大浮冰的融化让各方的争夺进入白热化阶段。该地区要面临的挑战有哪些？

北极地区蕴藏着丰富的资源。我们已经在这里发现了大量的天然气田和液体油田，占全球天然气储量的30%和石油储量的14%。问题在于这些资源的开采权还没有明确划分，因为这些资源目前全都不属于任何管辖区。

北极地区所面临的挑战，主要集中在专属经济区限制外的沿海国家权利延伸的问题上，因为已发现的油气田主要就分布在这些专属经济区以外的地区。1982年，各国在蒙特哥湾签署了《联合国海洋法公约》，建立了这些专属经济区。在这些区域里，从测算领海基线量起200海里以内，沿海国家可以行使它们的主权，尤其是开发、勘探海床和底土的权利。

"多国希望拥有对北极地区海洋底土资源的权利。"

要想扩展这些权利，一个国家就需要证明海底区域的海床和底土是其陆地领土的自然延伸。需要向联合国一个特殊的委员会——大陆架界限委员会（CLCS）提交一份申请，该委员会在审查证据后，会决定是否同意该国将其主权再扩大150海里。也就是说，一个国家最多能在距其海岸线350海里，即648.2公里的海域内行使主权。

沿岸国家的请求现在已进行到哪一步了？

加拿大、丹麦、美国、挪威、俄罗斯，好几个国家都希望拥有对北极地区海洋底土资源的权利。第一个提交申请并获得肯定回复的国家是挪威。因此2009年，挪威在斯瓦尔巴群岛周围的权利范围得到了扩大。此外，挪威与俄罗斯长期以来在巴伦支海的什托克曼气田的所属问题上针锋相对，该气田是世界第三或第四大的天然气田。在经过了近四十年的争论后，两国终于在2010年签订了共享条约。

如今，另一块区域正被所有人虎视眈眈：罗蒙诺索夫海岭，经过北极下方的一条长2000公里的山脉。到目前为止，俄罗斯人是最积极的。他们2007年就去那里插上了国旗，并且已经多次向大陆架界限委员会提出申请，但每一次收到的都是同样的回复："贵国的资料没有说服力。"这就是为什么每年夏天，很多俄罗斯地质学专业的学生会利用假期去钻取海洋底土，他们是为了支持国家的申请。俄罗斯已在2012年再次向大陆架界限委员会提交申请。

而俄方也并非唯一一个要求对该区域行使权利的国家。挪威、加拿大和丹麦也都表示他们已于2013年向大陆架界限委员会提交申请。

此外，美国人也对白令海峡的丰富气田资源感兴趣，但是由于他们没有签署《联合国海洋法公约》，所以不能走流程向大陆架界限委员会提出申请。目前，他们一切关于扩大主权范围的请求都不会被受理。

"没有一个国家能为北极所需的基础设施配备投入50亿~60亿美元。"

冰川融化后开通新航道的可能性有多少？目前新航道区域的情况是怎样的？

对于未来将经过北极的商业航运，所有沿岸国家都有义务给商船提供通行权。虽然涉及的国家不多，但这意味着这些国家需要承担相关的安全责任和救援工作。目前还没有一个国家拒绝这样做。他们都在关注这件事，加拿大尤为热切，这是一种表达主权的方式，谁也不打算放弃这些特权。但问题在于没有一个国家能为这个区域所需的基础设施配备投入50亿~60亿美元。

事实上，目前，沿着西伯利亚或经过加拿大各岛屿从北角到白令海峡的海域上，没有一座灯塔、一个浮标，也没有任何观察飞机、救援直升机、破冰船或港口。而这些相关的基础设施却本应全部配备好，否则，保险公司绝不会给航运承保。

北极地区要面对的最主要的环境问题有哪些？

最关键也最可怕的就是冰川融化的问题，但是决定这个问题的因素并不只是在两极。减少温室气体排放的这场斗争是全球性的，却在哥本哈根和其他国际会议上屡屡受挫，这也导致两极地区的环境持续恶化。

但这还不是全部：冰川的融化在不久的将来会给环境带来一系列的破坏性活动，如石油开采、捕捞、货运、客运、旅游。我认为，最好从现在就开始为将来的保护地役权做准备，抢在这个区域开放商业活动和通航前。要做的准备包括禁止海上排放垃圾，禁止洗油舱，在航行过程中使用符合一定标准的燃料，等等。

这些法律规范对保护北极不受污染很有必要，但是从目前来看，沿岸各国并不愿意这么做。因此，必须让这些国家改变，而这需要全世界一起行动起来。

这些有经济争端的国家的本地居民，在这件事情中处在怎样的位置？

北冰洋地区共有约30万居民，其中一半是因纽特人。他们主要生活在北冰洋沿岸，对他们而言，形势是严峻的，因为他们正在失去食物来源。不同国家的因纽特人，情况也是不一样的。例如，丹麦让格陵兰岛保持它的独立性，这个岛上的绝大多数人口都是因纽特人，在55000名格陵兰岛人中有54500名因纽特人，另外的500人则是丹麦公务员。这些公务员的存在是重要的，特别是在涉及石油开采安全的时候。事实上，没人能确定格陵兰政府是否能够确保开采工作的安全性。如果格陵兰政府无力确保，那么这个任务就会重回那些大型石油公司手中。政府需要足够强势才能够要求这些公司遵守规章制度。在俄罗斯，人们聚集到俄罗斯北方土著人民协会（RAIPON），该组织还是北极理事会的永久观察

员组织。同时还有一个因纽特人北极圈理事会，代表着阿拉斯加、格陵兰岛和加拿大因纽特人的利益，而在格陵兰岛成立因纽特人政府则有可能动摇北极圈理事会的地位。

他们的意见真的能对各国之间的讨论产生影响吗？

我们正处在一场变动的中心。集合了环北冰洋国家和土著人民代表的北极理事会在2000年成立。在这之前，没有任何人去倾听土著人民的诉求。现在，一共有6个土著人民组织代表，让我们可以了解到他们的想法，特别是在遇到那些触及他们根本需求、根本利益的事情时。诚然，在某些主题上，他们的观点在讨论中容易被人忽视，因为或许他们还没有承担启动石油开采或准许捕捞等决定的能力，但现在，在决定北极相关政策时，已不可能不考虑他们了。而他们的生存也很可能将伴随着部分调整。

"让土著人民参与到那些与他们相关的决定中。"

在这些国家以及这些土著人民中，法国处在一个什么位置？作为大使，您又扮演着怎样的角色？

法国是欧盟的成员国，同时也是北极理事会的永久观察员国。根据不同的议题，我将代表法国或欧洲发言。

法国是否考虑过北极环境问题或更广泛的气候变化的影响？

美国中情局曾经针对气候变化对美国安全的影响发布了一份报告。法国海军也在这方面全力以赴：定期执行在北极的观察任务，现场考察北极环境的变化。但和美国相比，从战略角度来看我们和北极的牵连要少很多，因为我们离北极要远很多。对法国而言，北极并不是最关键的战略区。

罗斯冰架和埃里伯斯火山，麦克默多海峡，南极洲
（南纬76°12'，东经163°57'）

南冰洋的大部分冰山都是由位于南极洲沿岸的三个大冰架形成的：罗斯冰架、菲尔希纳-龙尼冰架、艾默里冰架。这三个冰架由源自冰帽下坡道的大陆冰川组成，高出海平面30~40米，水下部分却往往超过300米深。进入海洋之后，它就开始被海水一点一点蚕食。有些小冰山只有几米长，那些最大的冰山则十分巨大。

缅因州海湾水域中的灰海豹（Halichoerus grypus），美国

灰海豹居住在北大西洋沿海地区，喜欢在岩石区、岛状地带、卵石海滩和海带林活动。这是一种肉食性哺乳动物，以鱼类、甲壳类动物和软体动物为生。在欧洲，最大的灰海豹群体集中在英国和爱尔兰。在法国，我们主要能在布列塔尼的七岛群岛见到它们。

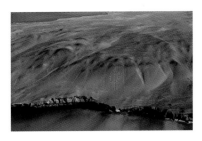

"烛台"地理雕刻，帕拉卡斯半岛，秘鲁
（南纬13°47'，西经76°18'）

这个高200米、宽60米的地理雕刻图案通常被命名为"烛台"，这个图案被刻在秘鲁海岸帕拉卡斯半岛的悬崖上，专家认为该图案可能描绘的是一个仙人掌或南十字星座。它很有可能是帕拉卡斯文明——公元前7世纪开始的渔民文明——的作品。这个"烛台"从海上很远的地方就能看到，为航行提供导航地标，直到今天也仍在为海上航行的水手提供参照。

被透明虾当作庇护所的海葵，金曼礁，美国

这种虾全身透明，可以很轻易地隐藏在这种海葵中，海葵触手有毒，也正好为这种虾提供了理想的庇护所。各种伪装策略在海洋里十分常见：石头鱼，长得和石块很像，它们会静静地贴在海底窥伺它们的猎物；还有一些螃蟹，为了让自己更好地伪装起来，会将各种残骸碎屑粘在自己的壳上。

威尼斯潟湖，威尼托，意大利
（北纬45°18'，东经12°12'）

威尼斯潟湖位于意大利海岸和亚得里亚海之间，面积为500平方公里，是意大利最大的湿地。现在，它正受到城市和工业污染，尤其是碳氢化合物和重金属污染的威胁。此外，在过去的20世纪，威尼斯城下陷了23厘米，并面临着海平面上升的问题。为了应对这些问题，78个分布在潟湖各处的移动堤投入使用，以抵抗3米高的潮汐。

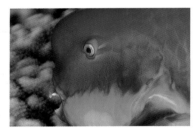

在珊瑚上取食的鹦哥鱼（Scaridae），金曼礁，美国

鹦哥鱼生活在全球各地的热带地区。它们因嘴巴形似鸟喙而得名，嘴部十分有力，可以弄碎贝壳和珊瑚，它们的囊袋会将这些碎片粉碎并吸收营养。这种"鸟嘴"同时还能帮助鹦哥鱼刮取生长在珊瑚表面的藻类。

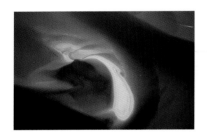

阿尔金沙滩，吉伦特，法国
（北纬44°34'，西经1°15'）

沙岛整体随着风和洋流的变化而改变形状和位置，阿尔金沙滩在阿卡雄湾的入海口为候鸟们提供了中途栖息地，庇护着4000~5000对白嘴端凤头燕鸥（Sterna sandvicensis），是欧洲三个最大的白嘴端凤头燕鸥聚居地之一。它的面积在150~500公顷之间变化，于1972年被列为自然保护区，并加入了欧盟的Natura2000自然保护区网络。

潜水员与南露脊鲸，奥克兰岛，新西兰

南露脊鲸长15米。但最大的鲸是蓝鲸，它同时也是地球上最大的动物：长30米，重170吨，是有关纪录的持有者。然而它们的主要食物却是磷虾，一种长不足7毫米、重量不足2克的浮游动物。

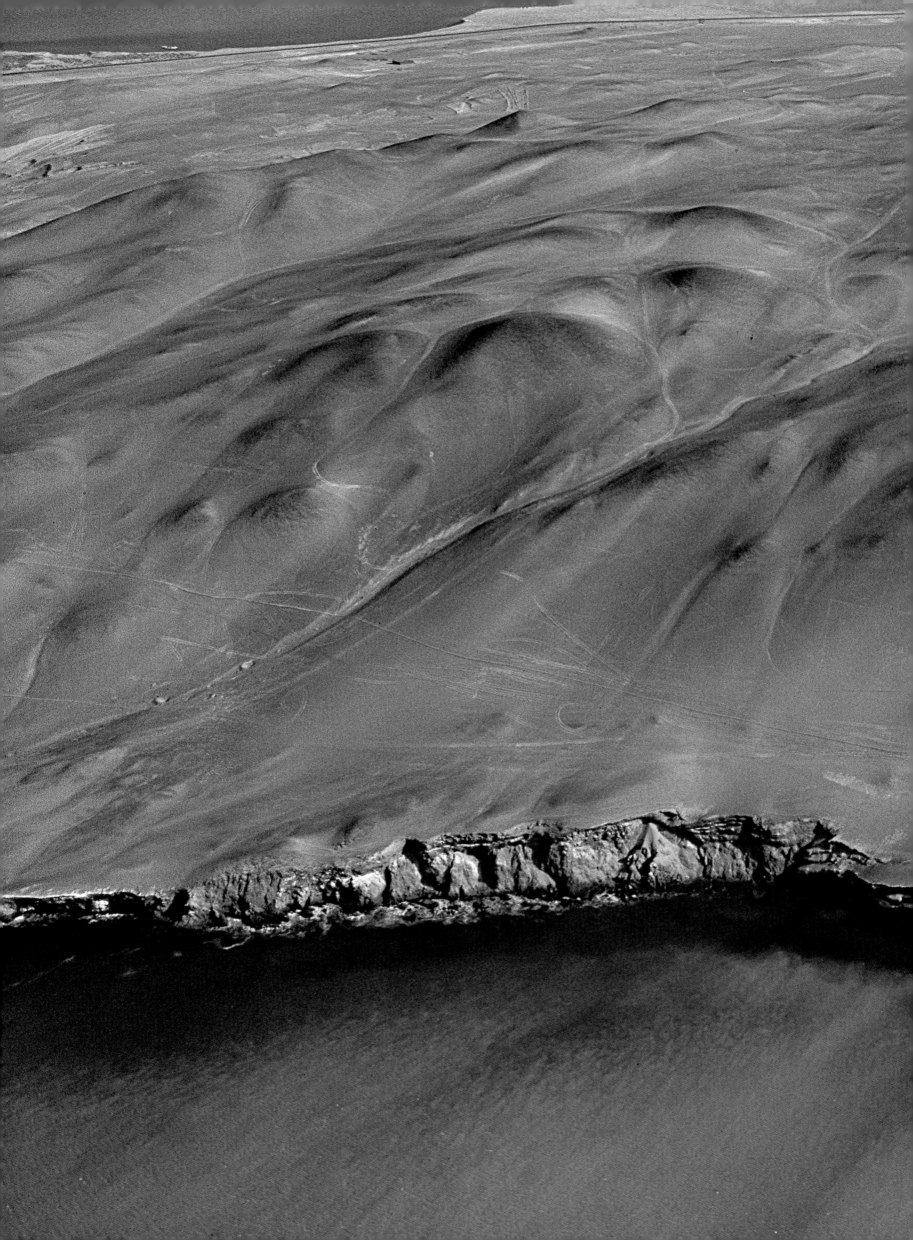

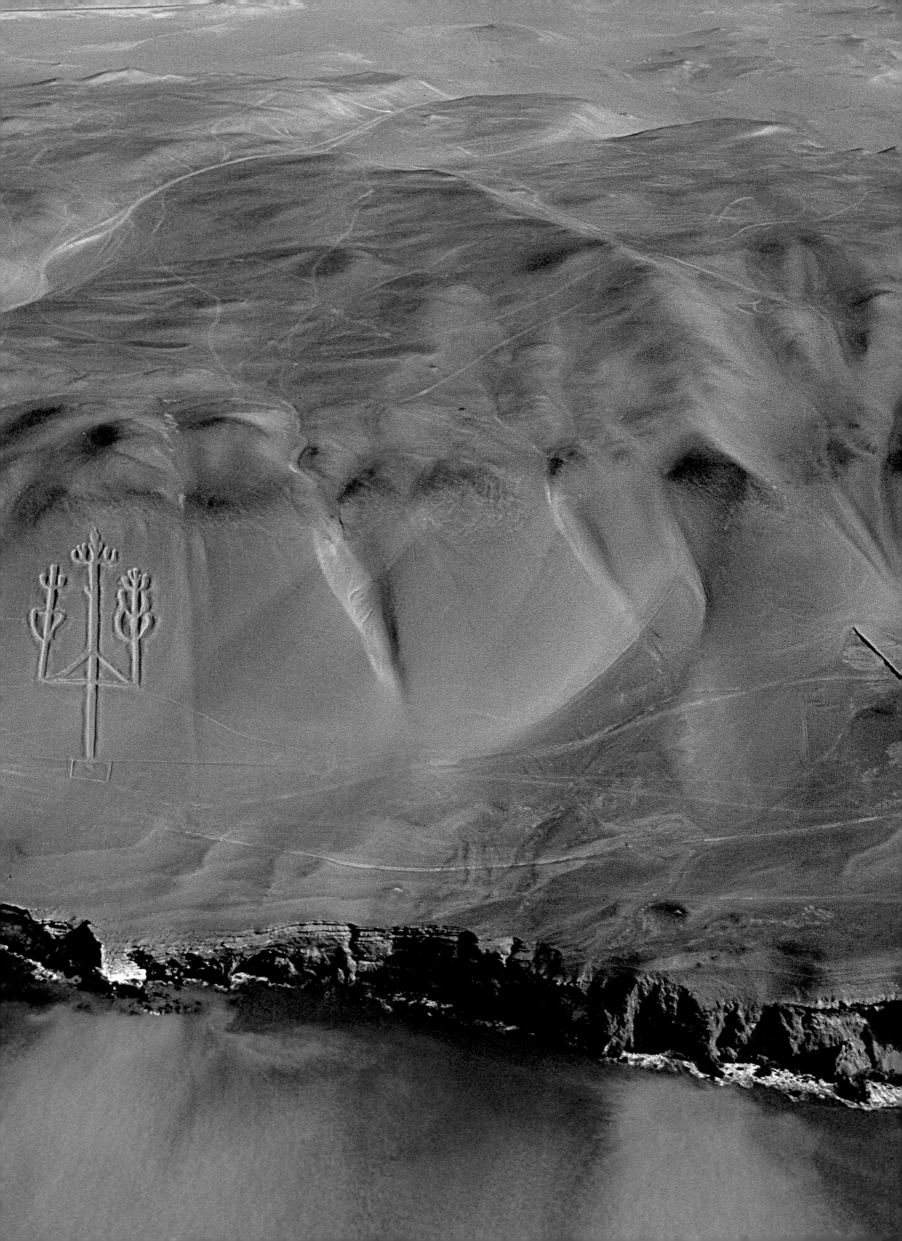

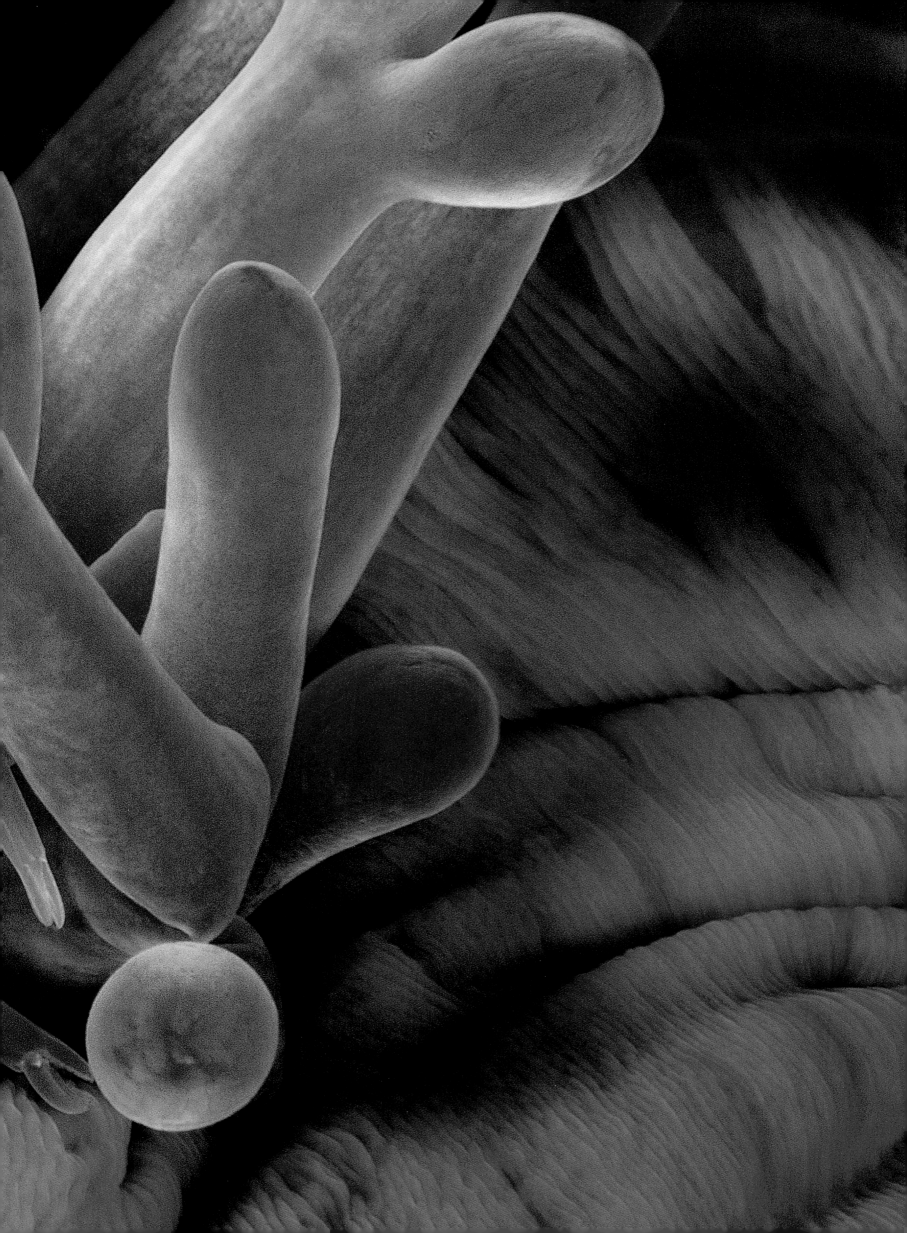

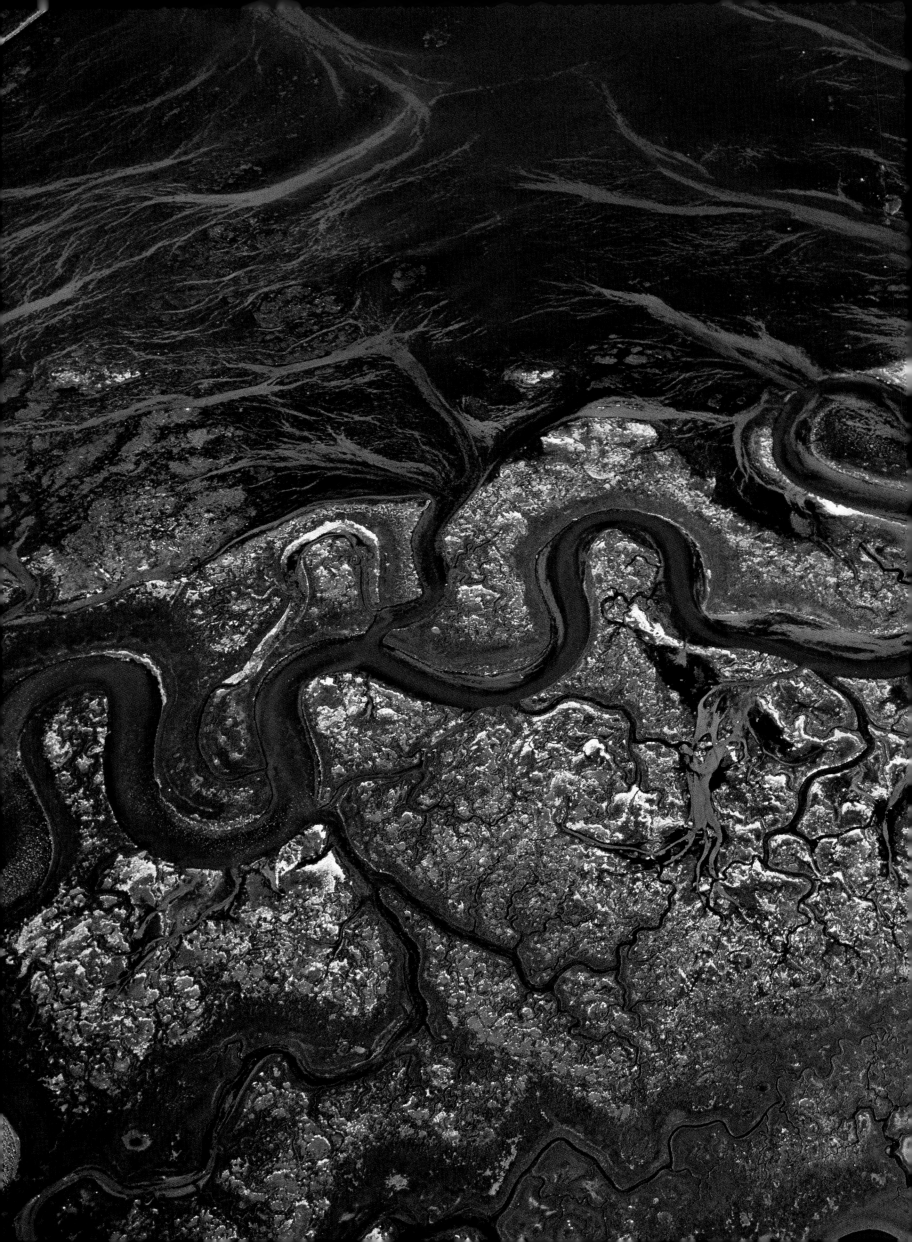

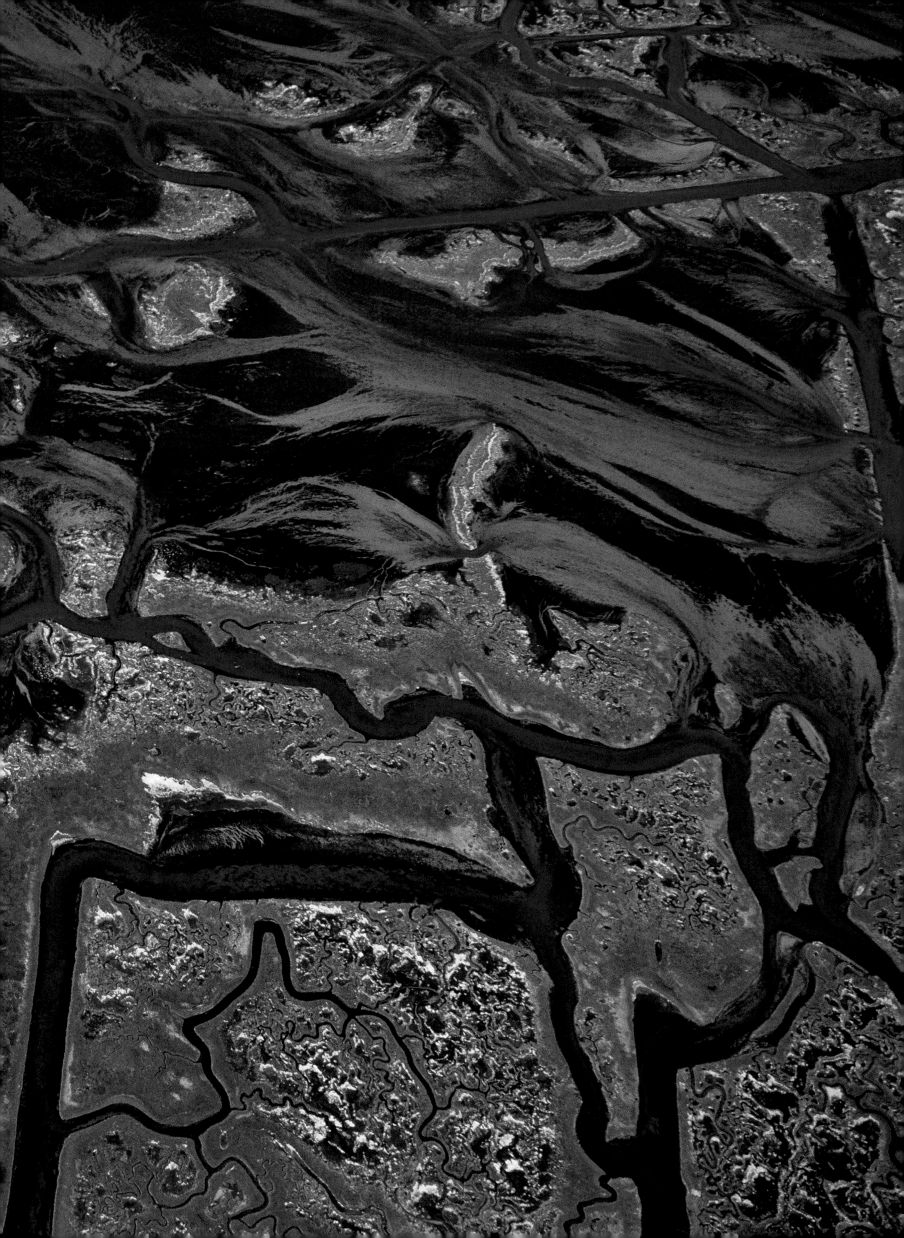

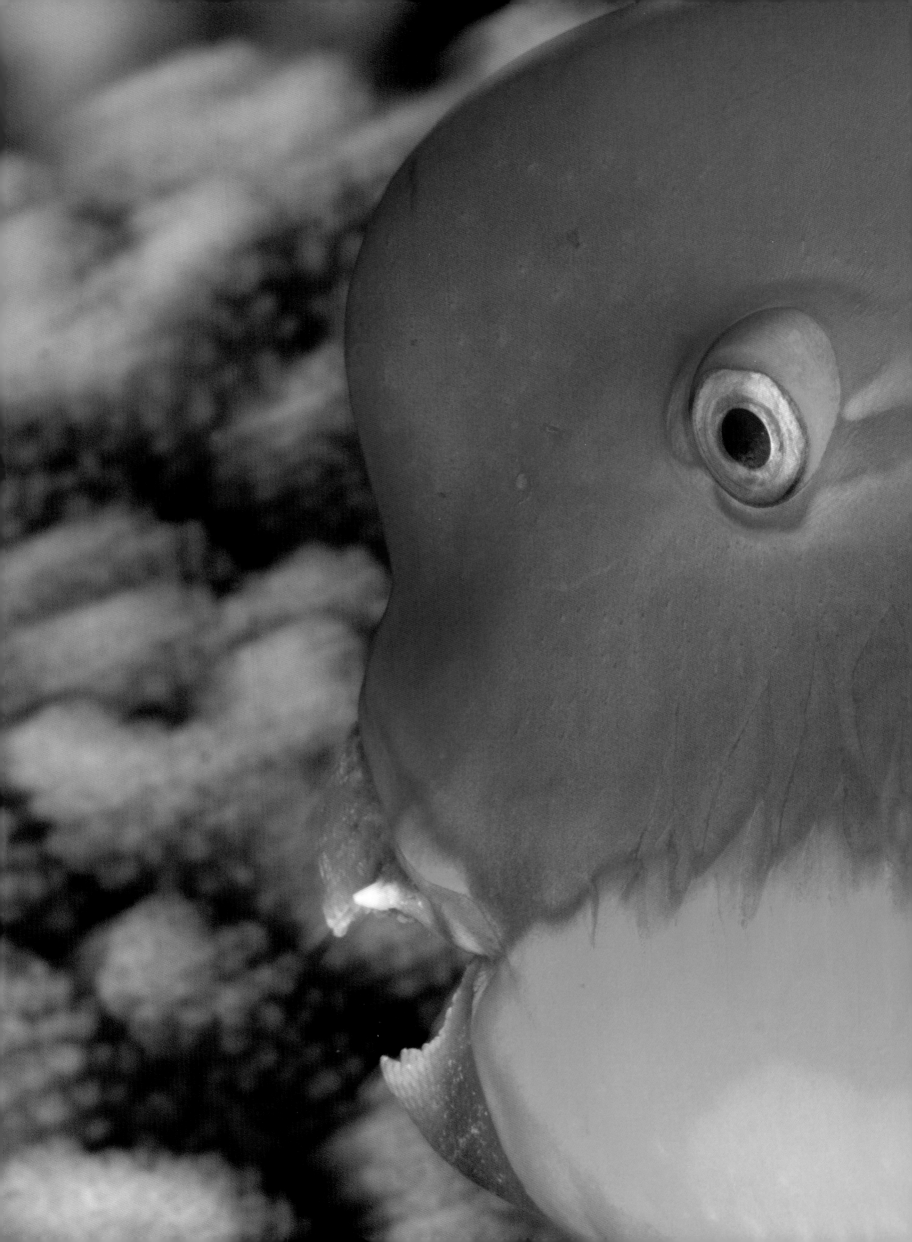

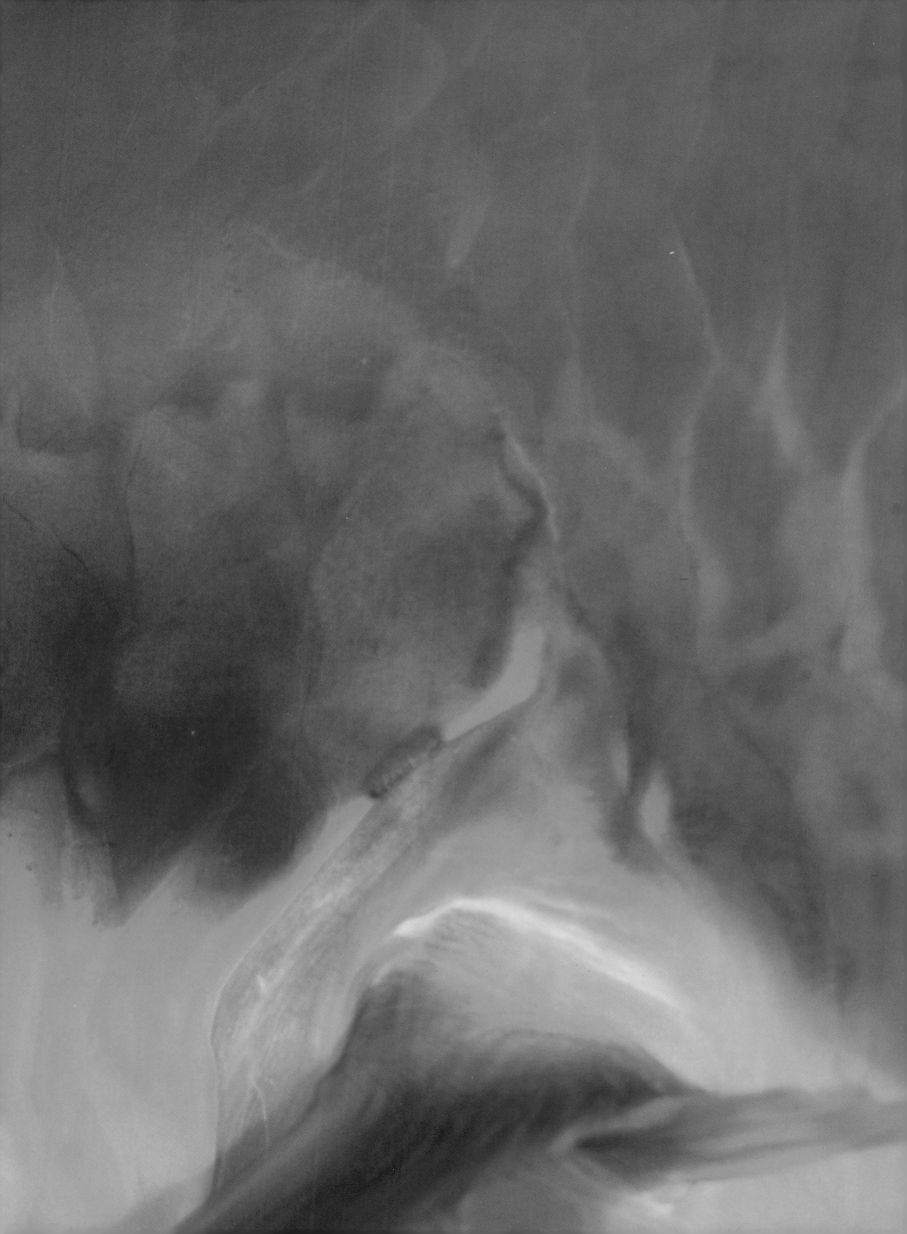

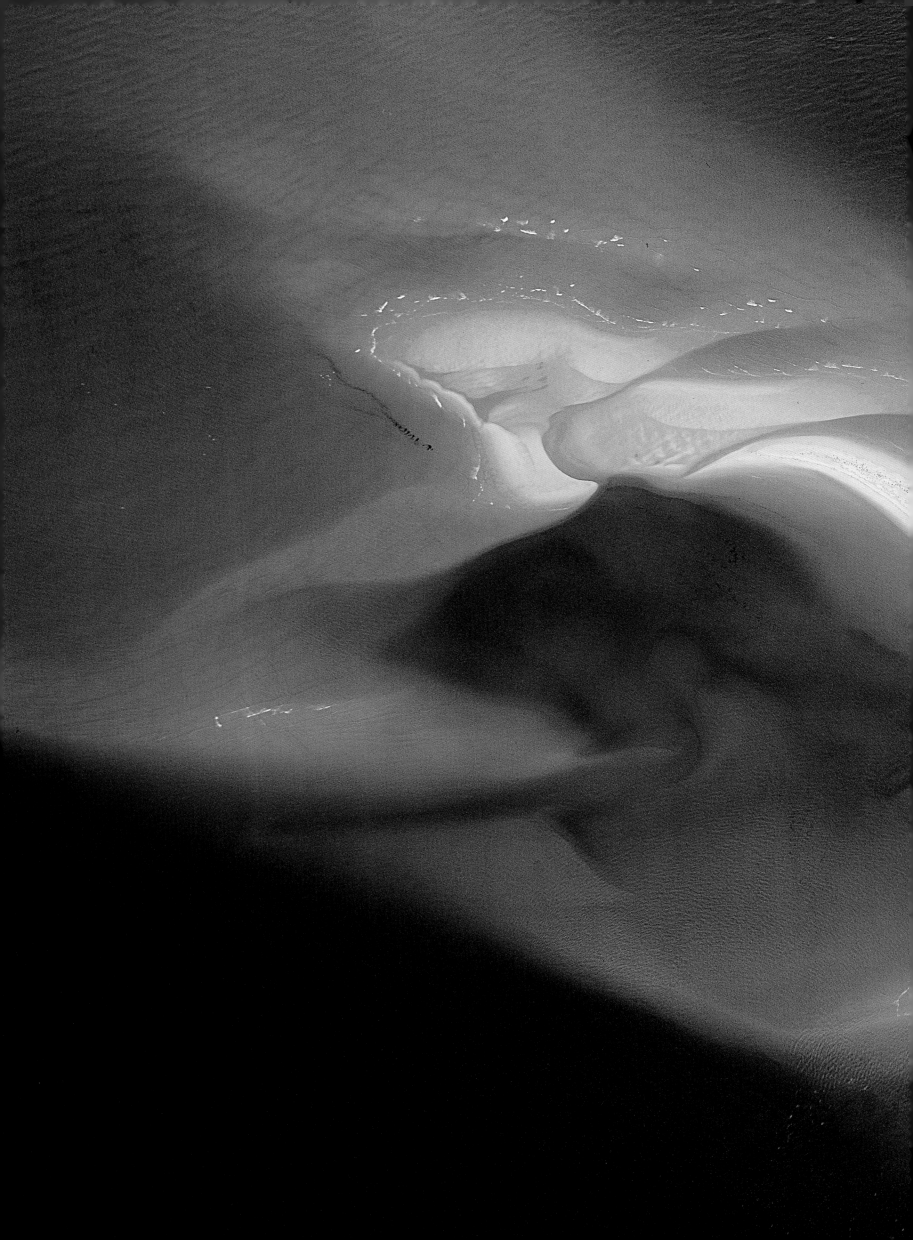

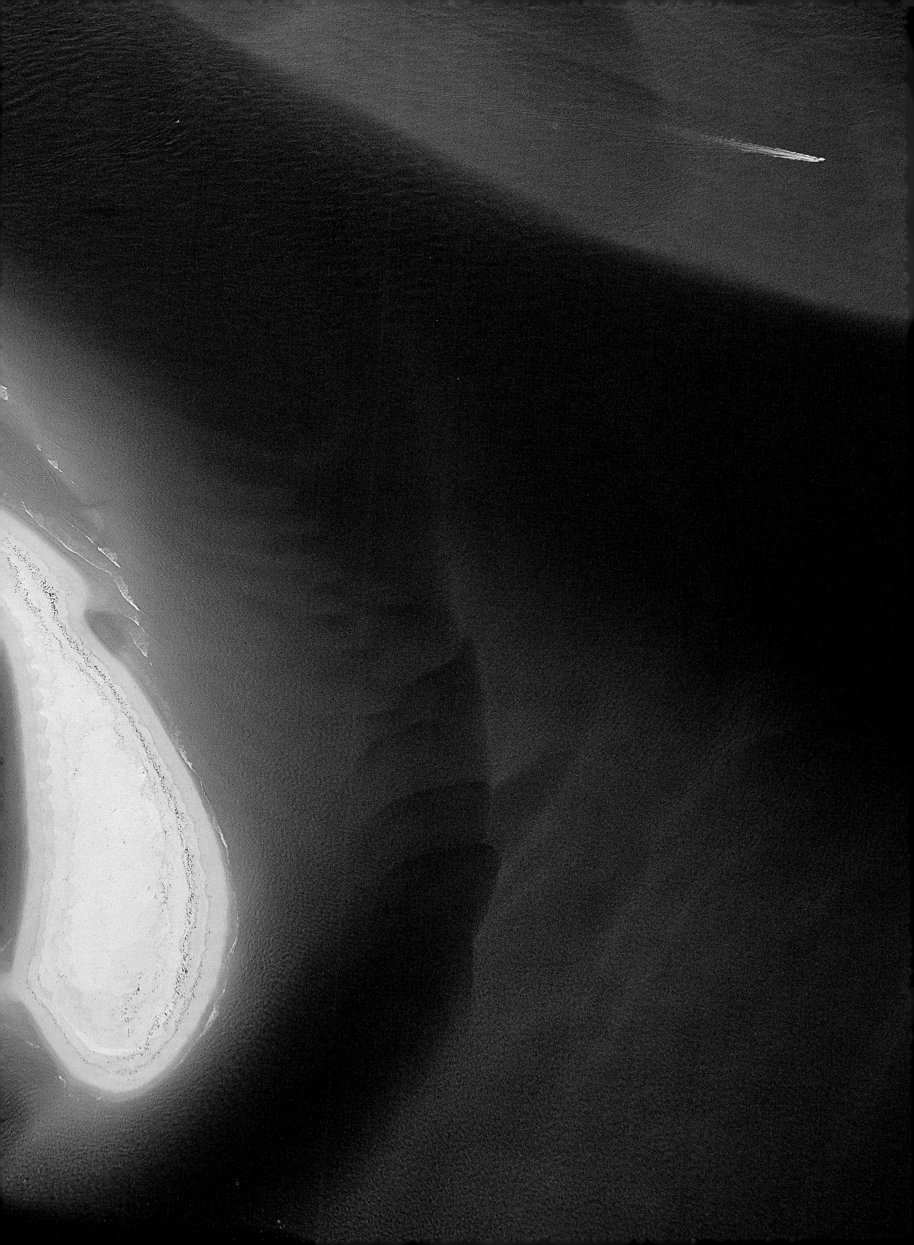

向海洋的可持续化管理迈进

是否会有最后的晚餐？人类是否将被迫去适应一个不再有鱼类、被水母和微生物占领的贫瘠的海洋？大概是不会的，因为海洋环境——极有可能是陆地生命的摇篮——再生能力极强。与大陆相比，海洋环境更稳定，更少出现极端情况，没有干旱和紫外线的危害，也更易得到恢复。很多科学家都认为，只要海洋能免受一部分因人类活动造成的侵犯，便有可能在几十年内重新回到一两个世纪前拥有巨大生命量的状态。

那要怎么做呢？首先，应利用一个被科学家普遍称赞的工具：海洋保护区。海洋保护区对应的是陆地自然保护区：从保护环境的目的出发建立的人类活动受到规范的区域。大陆上受保护面积占 13%，而海洋受保护面积的比例则要小很多。2011 年，受保护的海洋总面积还只有 420 万平方公里，分布在近 7000 个海洋保护区中，占海洋总面积的 1.4%。沿海区域的受保护面积能占到沿海水域的 7%，是海洋保护区最多的区域。

海洋保护区

为了衡量这个比例有多低，首先就要知道，专家们认为，要让海洋被正确管理，海洋保护区所占的面积应在 25%～50% 之间。2002 年，约翰内斯堡地球峰会上制定了海洋保护区比例在 2012 年到达 10% 的目标，这个目标显然没有实现。[1] 此外，目前这么低的数字提醒了我们至少有两处需要提高警惕的地方。首先，和陆地一样，海洋保护区中无疑也有一定比例的"纸上公园"，也就是说，这些保护区在理论上是有效的，但是由于缺乏方法或当局缺乏诚意，因此并未得到切实保护。有时即使已投入使用，相关法律条例也过于宽松。其次，要禁止某些破坏力极强的捕鱼技术，或者对部分标志性物种提供保护，又或是对一些破坏性很强的人类活动进行限制。目前只有极少数海洋保护区禁止一切捕捞活动，仅占海洋总面积的 0.08%。

政府机构持续发展海洋保护区是必要的，因为随着保护区项目的增加，我们发现，当保护区能被合理应用时，其效果也随之显现。肯尼亚的蒙巴萨就是一个具有启发性的例子。1991 年，人们在这里的珊瑚礁上设立了一个整体保护区。13 年时间里，这里的鱼类生物量从每公顷 180 千克上升到了 1000 千克！2009 年，一份关于世界各地 55 个海洋保护区的研究表明，在完全保护区内，生物量平均增长了 465%。成效也扩散到了相邻的允许捕捞的区域，这个现象被称为"扩散作用"，在不少研究报告中都有记录：保护区生物密度的上升，为周边数十公里范围内的海域供给了成鱼、幼体和卵，从而增加了渔民能拥有的生物量。这也再一次证明了保护海洋同样符合渔民的利益，并且还能鼓励他们参与到这些保护区的创建和管理。

要想促进海洋的再生，重要的不仅是增加海洋保护区的数量，还需要创建真正的海洋保护区网络，它们互相连接，考虑海洋生物的多样性。事实上，按照气候、海底环境、

▶ **大堡礁，昆士兰，澳大利亚**
（南纬 16°55'，东经 146°03'）

数不清的珊瑚岛和大陆岛屿散布在这个狭长地带。这个狭长地带将位于澳大利亚东北部的昆士兰省与距离圣灵岛海岸约 30 公里的大堡礁分开。圣灵岛的面积为 109 平方公里，是圣灵群岛 74 座岛屿中最大的同名岛，这个名字是 1770 年发现群岛的英国航海家詹姆斯·库克所起。和怀特黑文沙滩一样，这些岛屿沿海地带的特色，也是由石英颗粒组成的尤为洁白的沙地。

海洋保护区占海洋总面积的 1.4%
与海洋保护区相对应，陆地自然保护区约占陆地面积的 13%。

1　2017年，世界自然保护联盟发布报告称，全球有1.5万个海洋保护区，覆盖面积超过1850万平方公里，占全球海洋面积的5.1%。

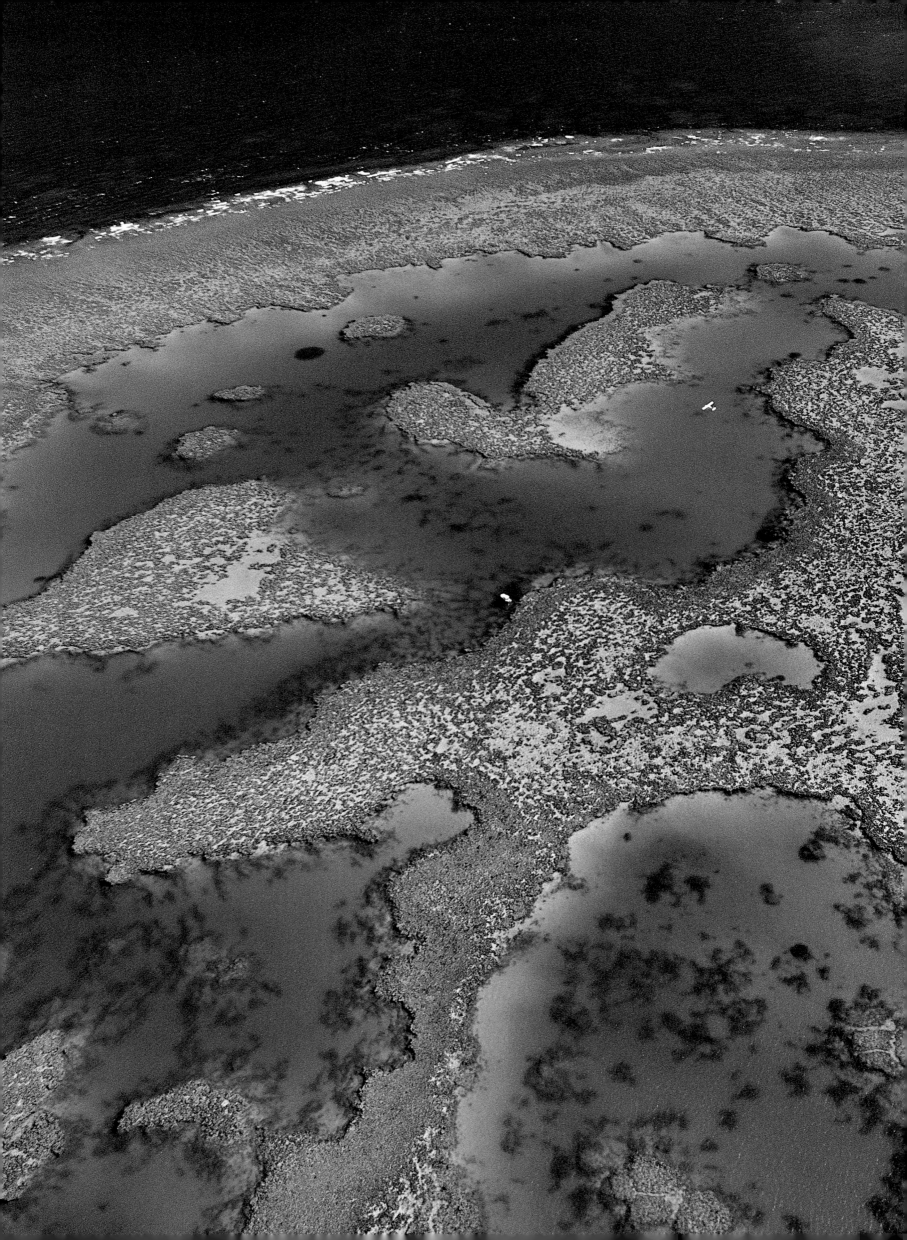

洋流、深度等条件，约 150 个极为多样的"生态区"已构建好，每个生态区至少有 10%的面积必须得到正确保护。然而，虽说珊瑚礁或红树林都被决策者定为需要保护的环境，但其他生态环境，仅举少数几个例子，如海底草原、深海珊瑚、海底山脉，却仍鲜为人知，且几乎从未得到保护。

两项特殊举措

可以确定的是，人们的意识正在逐渐增强：全球海洋保护区的数量尽管仍然不足，但是在 2002 年至 2010 年之间增长了 150%。从那时起，两项新举措开始启动。2010 年 4 月，英国决定在查戈斯群岛建立一个面积达 64 万平方公里的巨大海洋生物保护区（印度洋马尔代夫群岛的南边）。2012 年 6 月，澳大利亚政府宣布了一项更重要的决定：把海洋保护区从 27 个增加到 60 个，总面积达 310 万平方公里，建立大堡礁海洋公园以及珊瑚海联邦海洋保护区——这是世界上最大的连续海洋保护区，面积为 130 万平方公里。这样，总计超过三分之一的澳大利亚海域将得到保护。

相比之下，仅有 21.5% 的法国水域得到了保护，保护力度也大多较弱。虽然近期成立了法国南方地区国家自然保护区、马约特岛自然保护区和格洛里厄斯自然保护区（马达加斯加北部），但是法国海外水域中受保护的比例也仅有 1.15%。

其他海洋大国也在进行一些项目包括部分跨国项目，尽管实施过程中巨大的阻力无处不在，有时来自工业尤其是渔业，有时来自当地社群，他们对一切限制他们活动的措施都抱有敌对态度。

▲ **珊瑚礁上方的一群黑带鳞鳍梅鲷（Pterocaesio tile）**

在印度太平洋海域，黑带鳞鳍梅鲷在珊瑚礁间形成了大规模的鱼群。这种鱼主要以悬浮在水体中的微生物——浮游动物为食，它们有很多种颜色，可以在白天呈现蓝色或黄色，在夜晚呈现红色或绿色。

如今有 6% 的渔场都贴上了 MSC 的标签

MSC 认证标签（为海洋管理委员会所用）于 1997 年被世界自然基金会和联合利华共同决定应用，旨在保证渔业的可持续管理。贴上 MSC 认证标签的产品承诺向消费者保证：捕捞过程是尊重生态系统和考虑物种数量的，是合理的，符合现行法律法规的，并减少了副渔获量。

监管和惩罚

　　虽然海洋保护区至关重要，但要想进行海洋的可持续管理，仅仅靠增加海洋保护区的数量是不够的。管控捕捞许可区，关注与海洋环境息息相关的陆地环境，都同样重要。对于渔场的管理，推广以生态系统为基础的渔业管理尤为重要。在绝大多数情况下，区域渔业管理组织在制定捕鱼规定和捕捞配额时都只是按物种进行考虑：金枪鱼、鲑鱼、绿青鳕、鳕鱼等等。但其实从综合的角度来进行管理是很有必要的。要想按照生态系统的方式管理渔业，在评估潜在的渔获物时，首先就应注意哪些东西能够满足捕食者（鸟类、海洋哺乳动物）的需求。同时还应确保所使用的技术不会对生态系统的其余部分，如那些生活在同一栖息地的其他生物，造成不利影响。因此，考虑到整个生态系统的渔业管理方法要求生态学家持续地参与管理；例如，仅仅知道被捕获金枪鱼的数量和年龄是不够的，同时还应跟踪海豚、沙丁鱼和浮游植物的变化情况，才能真正控制捕捞所带来的影响。

　　一旦总许可捕捞量（TAC）确定下来之后，就能在不损害生态系统的前提下进行捕捞了，随后的问题是如何在渔民之间分配捕捞配额。这是一个很棘手的问题，大部分的解决方案都存在弊病。例如，让渔民在达到总许可捕捞量之前自由竞争，会刺激他们为了尽可能地抢占更多渔业资源而购买过量的设备，限制渔期也会造成同样的后果。许多经济学家倾向于制定可交换的个人配额，让每位渔民被赋予（或必须向国家购买）捕获一定数量的鱼的权利。之后他们可根据自己的方式对年配额量进行分配，或是将自己的权利转卖给第三方。在这种体系下，鱼虽然还在海里，但是对渔民而言已经成了一种资本，因此可以激励他们对鱼类进行保护。这种体系已经收获了不错的效果，但是仍需进行调整，让风险降到最低，防止企业家利用自身的财力买走全部的个人配额。

▲ **藏在捕食者之间的梳齿鳚鱼，金曼礁，太平洋，美国**

　　鳚鱼大部分时间都生活在海底，它们在这里寻找食物和庇护。这种鱼喜欢并经常躲在岩石缝、珊瑚间、沉积物下或空贝壳里。它们的特点是巨大的凸眼和让它们得以在海底移动的特殊胸鳍。梳齿鳚鱼只有几厘米长，它的颌使得它与其他鳚鱼区别开来。

蓝鳍金枪鱼的例子

该体系依赖于极具强制性的配额，以此来有效限制捕鱼量，使捕鱼量能与物种的繁殖速度和数量相匹配。然而，渔业代表却在给布鲁塞尔和其他地方的国内、国际权力机关、委员会施压，以求达到配额最大化的目的。正如每位渔民会为了保护自己的利益而尽可能多捕鱼，各国政府也会为了保护各自产业的短期利益而去争取最高的配额。这就是以未来做抵押。蓝鳍金枪鱼就是其中一个典型的例子。从 1969 年开始，保护大西洋金枪鱼国际委员会就开始对地中海和大西洋海域的蓝鳍金枪鱼进行捕鱼管理。2010 年，该委员会确定的捕捞配额为 13500 吨（法国被分配到近 2000 吨），而近 50 年来蓝鳍金枪鱼种群数量已经减少 90%。2011 年的总配额量也仅仅只减少了 600 吨（即总配额量为 12900 吨）。与此同时，环保非政府组织（ENGO）基于科学数据测算出该配额量应当减至 6000 吨，这才是能保证蓝鳍金枪鱼种群数量得到恢复的合理数字。

此外，并非所有被捕获的鱼都被公布出来了。因此，根据美国皮尤研究中心环境组的一份研究显示，尽管 2009 年蓝鳍金枪鱼捕捞数量的官方数据是 12373 吨，但事实上很可能有 32564 吨蓝鳍金枪鱼被交易——这意味着有可能存在走私！

就像蓝鳍金枪鱼的例子一样，除了制定规定，所有有效的管理体系都需要独立的科学检测和相关权力部门的管控。如果没有监测，就随时有可能出现始料未及的生态过程——鉴于生态系统的复杂性，会让一切努力归零。如果没有管控，显然渔民很难克制过度捕捞的贪念。监测和管控都耗资甚巨，都是各国试图摆脱的，而渔业从业人员的自我检测已被证实是不起作用的。但是管理得很好的渔场还是存在的，它们可以作为在世界范围内重振可持续化捕鱼的起点。比如我们将南极磷虾作为例子，捕捞需要得到南极海洋生物资源养护委员会（CCAMLR）的许可。想要捕捞磷虾的渔船必须向 CCAMLR

▲ 社会群岛中的双体船，法属波利尼西亚，法国（南纬 17°，西经 150°）

印尼海域拥有全球 18% 的珊瑚，澳大利亚拥有 17%，菲律宾拥有 9%，法国海外领土拥有 5%。14280 平方公里的海底有珊瑚生长，比如在太平洋波利尼西亚群岛清澈海底，就长满了珊瑚。这艘双体船正如飞行一般，从它们上方驶过。

冲浪者

1984 年，在加利福尼亚州的马里布，一群冲浪者为保护他们最喜爱的沙滩不受污染而动员起来。他们不会料到自己以冲浪者基金会——最重要的保护沿海和海洋的非政府组织之一——打下了基础：在成立近 30 年后，已在全世界拥有 6 万名会员。

冲浪者基金会为保卫海洋而战，但更重要的是他们是海洋的"使用者"，致力于保护海洋的娱乐性和运动性。他们揭露直接将污染物排入海洋的行为，并进行了无数次清理海滩和为浴场海水质量斗争的活动。例如，在法国，冲浪者基金会在 20 世纪 90 年代末靠发布"黑旗"标志而声名卓著，这是沿海地带不干净的标志，与"蓝旗"相对应，这两种标志会根据当地的海水质量被颁发给海滩小镇和港口。（接下页）

提交申请，且配备定位设备，以便能不间断地汇报船的具体位置。经常会有一些独立观察员上船，每隔几天向当局汇报一次总捕捞量。在这些数据和其他生态系统相关信息的帮助下，CCAMLR 的科学委员会就可以防止捕捞造成伤害，并且在必要时（之前已经发生过）关闭一些过度捕捞的海域，并要求渔船去其他地方捕捞。

因此，海洋再生需要多方的同时参与。当然，从根本上来讲，只有当人类深刻地改变他们与自然的关系，将掠夺性的关系转变为负责任的、提供切实管理的关系时，才能真正确保海洋再生的成功。但是，在这种转变实现之前，在一系列领域中，我们还是有可能取得部分进展的。而对此，我们有多种行动手段：可持续消费、对环保协会的支持，或者通过民选代表进行政治干预。

（接上页）冲浪者依靠在海滩现场高度活跃的监督网络——海岸保卫者们——开展工作。在全欧洲，这些志愿者对海洋受到的伤害进行调查，充分利用了冲浪者的后勤、法律、科学和传媒支持。正因如此，据欧洲非政府组织估计，在过去的4年中，海岸保卫者们发起的斗争胜利的有42场，其中包括叫停向法国莫尔比昂省屈伊伯龙海湾倾倒疏浚泥的项目，以及取消对瑞典一个停泊港的扩建。

▲ 聚集在一起的产卵期的巴西笛鲷（Lutjanus cyanopterus），伯利兹

春天4月到6月之间每到满月的时候，巴西笛鲷就会聚在一起进行交配。5月是它们繁殖能力最强的时期，4000~10000条巴西笛鲷会游到靠近海面的地方进行繁殖。聚集的现象会精确地在太阳落山前40分钟开始，并在10分钟后结束。我们可以在伯利兹Gladden Spit海洋保护区内观察到这个现象，该保护区是禁止捕鱼的。

专 访

让渔民们参与进来

桑德拉·巴萨多（SANDRA BESSUDO）

她多年来一直奋战在保护马尔佩洛岛——一个距离哥伦比亚海岸约500公里的太平洋岛屿——的最前线。她建立了马尔佩洛基金会，旨在保护这座岛屿和它的海域，这片海域生物多样性极为丰富，鲨鱼众多。在她的努力下，马尔佩洛岛成了保护区。桑德拉·巴萨多在2010年被任命为哥伦比亚的环境部长，之后又被任命为总统的环境与生物多样性高级顾问。

为什么您选择将一生奉献给保护马尔佩洛岛这项事业？

马尔佩洛岛拥有全哥伦比亚甚至全世界最优美的自然风景！和加拉帕戈斯群岛一样，这座火山岛的水域也是生物多样性的福星。这座岛对于巨大的锤头鲨和镰状真鲨鱼群也尤为重要，这些动物始终深深吸引着我。我在1987年发现了这座神奇的岛屿，从1999年起我开始在这个岛组织潜水探险：坐船从哥伦比亚海岸到马尔佩洛岛需要40个小时，岛上也没有饮用水，所以一切都得计划好。我也是从那个时候开始看到渔船所造成的破坏。这就是斗争的开始。

您的行动取得了巨大的成功……

我很幸运地遇到了哥伦比亚总统塞萨尔·特鲁希略（César Trujillo）。我们一起潜水，他答应帮我保护马尔佩洛岛。之后，在埃内斯托·桑佩尔（Ernesto Samper）的任期内，这座岛屿在1995年成为了动植物的圣地：岛周围6000个物种得到了保护。但那时仍然没有任何一项具体的保护措施。我申请进入国家公园工作，负责马尔佩洛岛的事务。接着，我又建立了自己的基金会，以另一种方式继续这场斗争。保护区的范围已经在2006年扩大到了岛屿周围25海里内，是当时世界上第九大海洋保护区。该区域同时也被国际海事组织列为特别敏感海域（PSSA）：大型客轮禁止进入这片海域。同年，在经过多年努力后，马尔佩洛岛终于被列入联合国教科文组织世界遗产的目录中。

这份国际认可有怎样的重要性？

首先，这份认可支援了我们的事业。但它同时也印证了保护海洋是超越国界的。2004年，4个国家签署了一项协议，该协议被称为"圣何塞协议"，建立了"东太平洋热带海洋生态走廊"自然保护区，也被称为"CMAR"：一个面积为2.11亿公顷的巨大的海洋保护区，其中包括了5个国家公园，连接了科科斯群岛（哥斯达黎加）、科伊巴岛（巴拿马）、马尔佩洛岛和戈尔戈纳岛（哥伦比亚），以及加拉帕戈斯群岛（厄瓜多尔）。这个保护区的建立对鲨鱼尤为重要，我们都知道鲨鱼喜欢迁徙，所以仅在一个地方实施保护是不够的。也有其他形式的国际合作：哥伦比亚总统和哥斯达黎加总统联合向濒危野生动植物物种国际公约申请将锤头鲨列入保护动物名录，但至今仍未成功。

马尔佩洛岛面临的最大威胁是什么？

马尔佩洛岛与世隔绝、荒无人烟。从某种角度来说，这让许多事情简单了不少，但也有很多问题是来自海岸的非法渔民带来的。起初我会登上他们的渔船抓捕他们，但是国家海军司令叫我不要再这么做了，因为我可能会因此被杀害。国家海军给了我一艘在一次捣毁毒品交易的行动中缴获的船。我们将船修理好，开始用它进行海上巡逻。国家海军最近又给了我们第二艘船。但是我们的船还是很脆弱：去年两艘船同时坏了。于是偷猎者们很快又重新干起老本行……因为哥伦比亚吃鲨鱼肉，所以在当地捕获的鲨鱼数量是相当多的。然而，现在这里的渔民来自世界各地，他们捕尽他们能找到的一切。此外，黑手党的存在也鼓励了非法交易。

成为部长改变了什么？

当我被任命为部长的时候，很多措施其实都已经在执行中了。但是进入政府部门让我能够更容易地和总统、政治家交流，给他们提供信息，吸引他们的关注……而这是很有必要的。因为如果他们不了解这些问题，他们就无法去处理它们。不过，成为部长，同时也意味着要在议会中度过大量的时间，应付各种攻击，我并不确定这是否是促进事件进展的最佳方式……我更愿意当总统的高级顾问，所以我现在负责总统办公室社会福利和国际合作方面的事务。很大一部分预算被用于改善环境，如海洋保护和植树造林。

您会给那些想要设立海洋保护区的人提供哪些建议呢？

在当今世界，随着人口的快速增长，提醒人们保护海洋，以此确保食品安全，是十分重要的。要向渔民们说明保护区的建立能帮助邻近海域恢复物种数量，对他们也同样有利。因为渔民们大多都很贫穷，对这些了解得不多。然而我们很难让那些饥饿的、只希望晚上能让孩子们吃饱饭的人明白这些道理。或许我们不应该依赖全面的保护。还会有其他进行可持续捕鱼活动的办法，是能够让更多的人参与进来的。在马尔佩洛岛，我们制定了一整套惩罚措施：查封扣留下来的船只、严厉的罚款……然而，如果我们仅仅只是约束，想让渔民参与进来就会更加困难。

拉兹·德·塞恩的特维纳克灯塔，菲尼斯泰尔，法国（北纬45°04'17''，西经4°04'17''）

位于菲尼斯泰尔西部尖端的特维纳克小岛上流传着很多鬼故事，而这座从1875年开始投入使用的灯塔保障了这里的安全。灯塔于1910年开始实现自动点灯，并从1994年开始依靠太阳能电板供电。自从吉伦特鲁瓦省克尔杜瓦灯塔的看守人在2012年退休之后，这个职业也就退出历史的舞台了，再没有国家看守人在守护法国的灯塔。

黄头后颌䲁（opistognathus aurifrons）在它的嘴里孵卵，英属维尔京群岛，英国

这种长约10厘米的小鱼一般出现在佛罗里达、巴哈马、加勒比和墨西哥湾海域。它们生活在海底，并且会在珊瑚砂中挖地道。大部分时间里，它们都保持着垂直的姿势在地道上方度过，或仅仅从地道中露出一个头。它们以浮游动物为食，浮游动物常常被它们啄进地道。这种动物有个很有名的特点，它们直接在嘴里孵卵，整个过程持续10天左右。

鲨鱼湾：亨利弗里西内特港，西澳大利亚州，澳大利亚（南纬26°32'，东经113°37'）

1991年，鲨鱼湾就因它独特的自然风光特色被列入联合国教科文组织世界遗产名录。这个地区人烟稀少，仅有1000人居住在1500米长的鲨鱼湾沿岸。这里的居民基本靠旅游业、渔业和养殖业为生。

在一群刺尾鲷（Acanthuridae）旁边的白斑笛鲷（Lutjanus bohar），莱恩群岛南部，基里巴斯共和国

这种笛鲷的体长可以达到80厘米。幼年白斑笛鲷的背鳍上有两个白点，这就是它们也被称为"双斑笛鲷"的原因。幼年白斑笛鲷是食草动物，它们成年之后则以其他鱼类为食，如刺尾鱼。笛鲷大多成群地生活在暗礁和沙洲之上。

路易斯·S.圣-洛朗号破冰船在雷索卢特湾，努纳武特，加拿大（北纬74°42'，西经95°18'）

路易斯·S.圣-洛朗号从1969年开始服役，是加拿大现役最大、使用年限最长的破冰船。它的船壳是加固了的，驱动强劲（20000CV），船首凸出，它靠自身的重量在冰面上砸出裂缝，不断前行。它也开通航道为生活在最北边的人类进行补给。受全球变暖的影响，冰川面积在减小，可能有一些新的航道将开通，其中就包括著名的西北通道。

一群心斑刺尾鱼（Acanthurus achilles），东岛，基里巴斯共和国

心斑刺尾鱼是一种生活在大洋洲珊瑚礁的热带鱼。它们尾鳍上鲜艳的橘红色斑点是它们性成熟的标志。这种鱼主要以生长在珊瑚上的藻类为食。它们能防止藻类长满珊瑚礁，对珊瑚礁的健康有益。

被侵蚀的高原，博伊科半岛，复活节岛，智利（南纬27°06'，西经109°14'）

土壤表层已全部被侵蚀，火山基岩从中显露出来。复活节岛曾被高大的棕榈林覆盖。在5世纪时，这片171平方公里的土地被波利尼西亚人变成了他们的殖民地，他们逐渐开垦整座岛屿，在这里建造住所、庙宇以及著名的摩艾石像，这是一些巨大的人面石像。这座岛屿于1995年被列入联合国教科文组织世界遗产名录。21世纪初，移民与旅游给这座岛屿带来了新一轮的威胁。

育肥笼中的大西洋蓝鳍金枪鱼，地中海，西班牙

根据最新估测，地中海地区大西洋蓝鳍金枪鱼的数量可能在过去的40年内减少了50%，而这主要是由于过度捕捞以及捕捞用于育肥的幼龄金枪鱼所造成的。蓝鳍金枪鱼已被列入世界自然保护联盟濒危物种红色名录，保护级别为"濒危"。

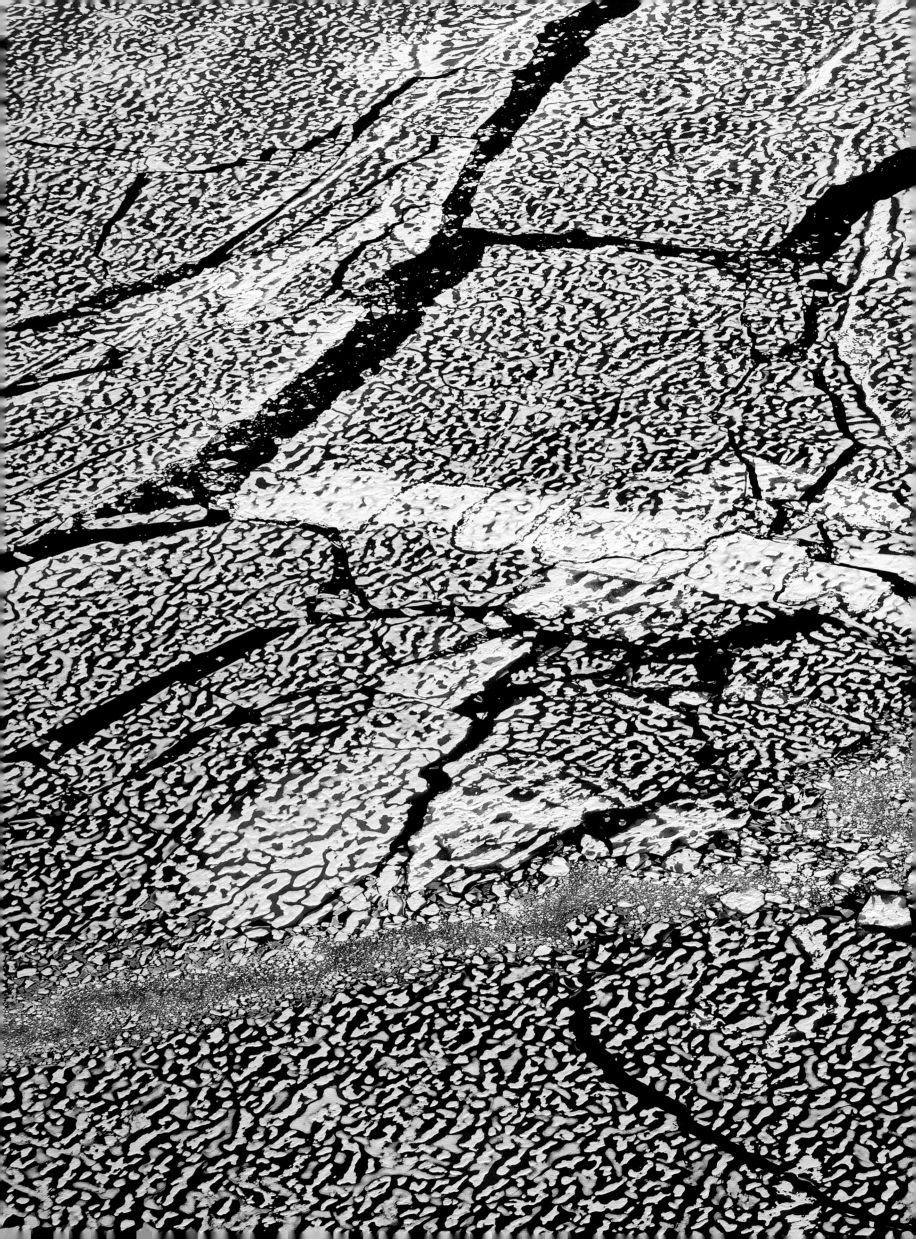

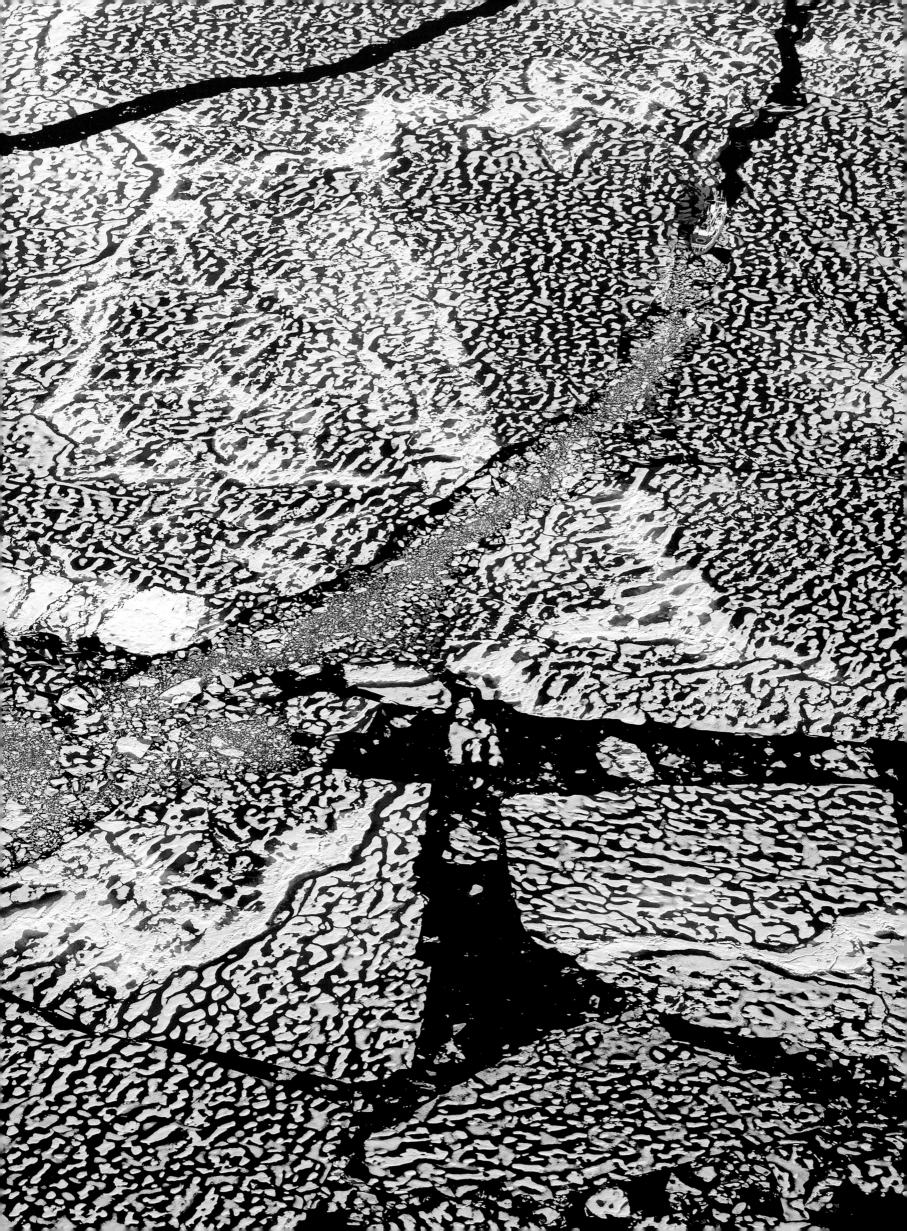

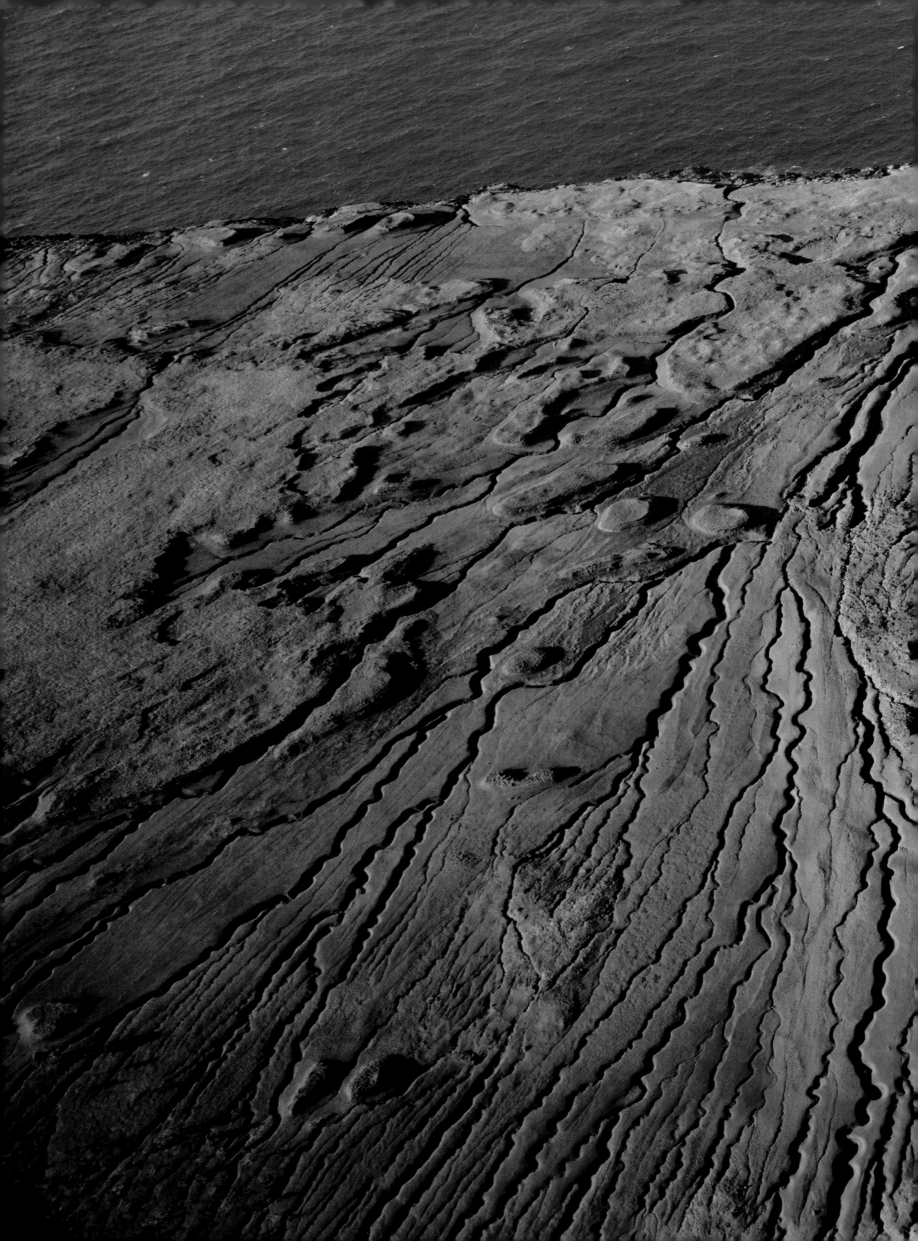

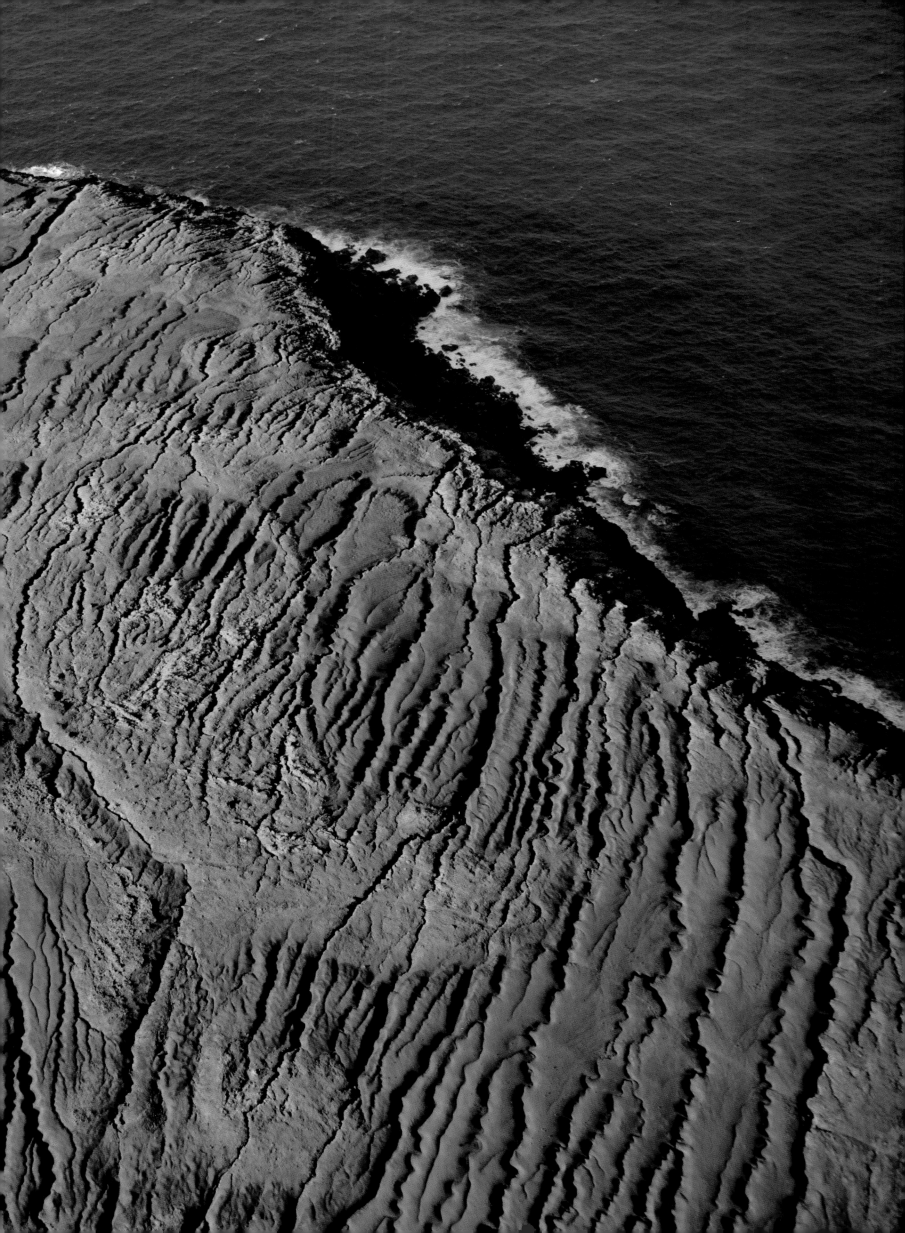

治理需求

我们是否有能力挽救海洋？这样做，也是在挽救我们自己。一切都还不能确定。但我们是知道解决方法的，这本书里都阐述了：海洋保护区，配额捕捞制度，以可持续的方式消费和捕捞，对抗污染和全球变暖。从广义上来说，这个问题与其说是一个科学或技术问题，不如说是一个政治问题。现在还不算太晚：海洋的再生能力惊人。

20 世纪末，一系列国际协议，看起来开辟出了一条合理保护海洋的道路：1971 年的《拉姆塞尔湿地公约》；1973 年的《国际防止船舶造成污染公约》以及相关文本；1946 年成立的国际捕鲸委员会，该委员会在 1986 年通过了《全球禁止捕鲸公约》；1982 年签署、1994 年生效的《联合国海洋法公约》；1989 年与控制废物运输相关的《巴塞尔公约》。其他更具普遍性的公约也有涉及海洋的：如 1973 年签署的与物种贸易有关的《濒危野生动植物物种国际贸易公约》；1992 年签署的《生物多样性公约》和《联合国气候变化框架公约》；2001 年签署的《关于持久性有机污染物的斯德哥尔摩公约》。

从 21 世纪初开始，这种势头就已经减弱，虽然还是有一些关于渔区管理的地方性的协议被签署。但是以环境为主题的国际会议仍接二连三，且大同小异：它们留下了一堆空洞的宣言，缺少具体的或强制性的实施方案。因此，2012 年 6 月的里约峰会被认为本该是一个重大时刻，因为 20 年前的第一届里约峰会奠定了可持续发展的基础。这次峰会本应处理国际海域的治理问题，但是最后所有的决定权都交给了一个负责起草 2014 年的协议的工作小组……

看来，国际力量关系的变化——像中国、巴西这样的新巨头的出现，还有包括美国在内的大部分国家对一切干预的拒绝——正在阻止重大海洋国际协议的达成。令人担忧的是，这类协议甚至不再是空想，而是已经成了时代的弃儿。

国际捕鲸委员会

仅举一个例子，就是国际捕鲸委员会的建立，这证明了尽管存在种种限制，一项国际协议仍可以带来哪些成果。1986 年，面对国际社会的动员以及几种鲸的种群的灾难性状况，禁止捕鲸的决议（一些重要的例外）被成功通过。捕鲸获得的利益变得不再重要，捕鲸船的数量也确实在下降：无论是鲸的脂肪（在 19 世纪被用作公共照明或润滑剂），还是鲸的肉，都已不再真正不可或缺。一些从碳氢化合物或畜牧业中生产的更高效低价的替代品正在逐渐取代它们。

25 年后，多种哺乳动物的数量小幅增长。座头鲸的数量从 1986 年的 2 万头增加到了 2005 年的 3.5 万头。因动物生殖周期的限制，这个增速是缓慢的：大型鲸类的性成熟很晚（有时候要到快 20 岁），不同鲸的妊娠期从 10 到 15 个月不等，往往一次只生一头幼鲸的鲸妈妈会照顾它的宝宝很长一段时间。有 5 种鲸仍被列入世界自然保护联盟濒危物种红色名录。

> **几内亚湾一条独木舟上的渔民，科特迪瓦（北纬 4°58′，西经 4°27′）**

个体捕捞，同时也被称为"独木舟捕捞"，在 550 公里的科特迪瓦沿岸和广阔的潟湖东海岸随处可见。土生土长的加纳人占到了约 1 万沿岸渔民的 90%。渔民们使用的是长 8~18 米、配备有舷外发动机的大型独木舟，经常从阿比让或大巴萨姆出港。他们一般在晚上用流刺网捕鱼，配合几百米长的围网一起使用。这种个体捕捞大约可以提供科特迪瓦全国 60% 的渔业产量。

70% 的海洋面积都在管辖范围之外

根据《联合国海洋法公约》，对于这部分不受任何国家管控的海域——公海，自由原则占了上风：航运自由、飞越自由、铺设电缆自由、建设人造岛自由、科研自由等等。船舶受到它们飞行旗所属国家法律的约束，只有该国的战舰才能控制它们（遇到海盗的情况除外）。这种自由在带来便利的同时也存在弊病，即为掠夺行为和过度开发开辟了道路。生态学家正在寻找一种能兼顾环境保护的方式。

◁ 萨马纳湾的鲸，多米尼加共和国
（北纬18°20'，西经69°50'）

夏天在北冰洋避暑的鲸，冬天又回到了南半球海域进行繁殖。这种迁徙的哺乳动物曾是那场持续到20世纪50年代的高强度开发的受害者，人们获取它的肉，从它的脂肪中提取脂油，使它濒临灭绝。1986年颁布的捕鲸禁令暂时避免了它的消失。尽管这道禁令仍有不足，但却是国际社会能够提出并实现决议的典范。

除了禁止商业捕鲸，捕鲸委员会还促成了两个广袤的保护区的设立，一个在印度洋，另一个在南极洲（覆盖了5000万平方公里的面积），这两个保护区都禁止捕鲸。

科学捕捞

日本不承认南极保护区，并不断试图废除禁令，却得到了"允许进行科学捕鲸"的特别准许，这是一种绝对的虚伪，因为全世界都知道它的目的和发展科学毫无关系。据日本鲸类研究所（ICR）的表述，这种捕鲸法促成了平均每年20来篇的学术出版，也就是近10年内出版了200篇，其中大部分都没什么意义，且只在日本境内发行。与此相比，Pubmed国际文献数据库在同一时期收录的相同主题的发表有2949篇，相当于日本的10倍以上，还不用捕杀哪怕一头鲸……

所谓的"传统"捕鲸法在加拿大、挪威和很多国家也是合法的。据2009年的官方数据显示，共有1851头鲸被有意捕杀，这个数据很庞大，但是已经比禁令发布前低很多了。

丑陋而愚蠢

公众对海洋哺乳动物的同情也惠及了海豹。尽管捕杀仍在继续，但20世纪70年代到80年代的激烈抗议运动，已经让对一岁以下小海豹的捕杀被禁止，还有部分国家已经禁止捕杀海豹及海豹皮交易。欧盟成员国从2009年开始实施这些禁令。正如我们所见，激发全世界的同情心可以帮助鲨鱼得到更好的保护，避免鲨鱼灭绝（见第184页《大型捕食者的终局》）。

但是，总的来说，鱼类很难达到海豹那样的失情效果，特别是在人们普遍认为鱼类感觉不灵敏、智商不高且感觉不到疼痛的情形下。作为海洋中最简单、常见的居民，它们小小的，还经常灰灰的，无法像海豹宝宝或熊猫一样广泛激发人类的同情。它们的未来是黯淡无光的。那些为保护它们而斗争的人大多不是因为一时的同情，而是为了合理保护资源、维护生态系统平衡，这是最关键的两点，但是却很难引发舆论或吸引政治家的注意。这种从理论观点出发的保护海洋的手段要被人接受和信服，实在是举步维艰。

专属经济区

"鳕鱼之战"指的是在1958年至1976年之间发生在冰岛和英国之间的一场冲突。事实上，当冰岛决定将他们的渔区从海岸线扩大到12海里、到50海里、再到200海里，以保护他们的渔业资源时，英国海军为了"保护"自己在这个区域内捕鱼的拖网渔船而介入其中。两国的船只发生了碰撞，并交了火，但是没有伤亡发生，也没有真正开战。而且英国人最终同意了冰岛人的做法。两国间达成的协议为一项基本国际公约打下了基础，该公约定义了国家可以行使专属权利的海洋区域，尤其是捕鱼权和勘探权。这个公约就是1982年签署的《联合国海洋法公约》，也被称为《蒙特哥湾公约》。该公约设立了专属经济区即ZEE，这个区最多可以从该国海岸线向海域延伸200海里（也就是370公里）。当两个国家的专属经济区出现重合时，双方的界限应该通过共同协议的方式确定，或是由国际法庭裁决。然而，依然有很多纠纷没有解决，尤其是在南海沿岸国家之间和北大西洋沿岸国家之间。

公地悲剧

我们无法以可持续的、集体的模式管理这一重要资源的现状，在目前的生态危机中很有象征性。20世纪后期的美国哲学家加勒特·哈丁，用隐喻的方式将这种现象理论化了，成为现代生态学的开端。这种现象被命名为"公地悲剧"。加勒特·哈丁在1968年为《科学》杂志发表的一篇文章中首次明确提出了这个概念。

正如我们将看到的，由这个简单的隐喻，可以衍生出很多复杂的内容。想象一下，在一个农场中，牧民们在一片公地上放牧。因为每位牧民都想要提高各自的收入，所以都需要让自己的牲畜生长。但是每多放牧一头牛，就要多吃掉一点草。久而久之，随着牛群数量的增加，它们所吃的草就会越来越多。直到有一天牧草被全部吃完。而当公地上的草被吃光之后，牧民就会因没有东西可以再喂给牛群而损失掉全部牛群。哈丁在文章中写道："终有一天，算总账的时候会到来……"

人人都在奔赴毁灭

哲学家用这个隐喻来表达，在这样一个系统中，每个人都被鼓动着利用更多的资源，因此也就加速了灾难的发生："在追逐个人利益的时候，人人都在奔赴他的毁灭。"哈丁如此写道，这同时也是对亚当·斯密"看不见的手"理论的一次正面反驳。

在这种情况下，就算其中有一位牧民意识到了威胁的存在，并决定开始"正确"的做法，也无法改变分毫了：他这么做也只是给道德心没那么强的牧民同伴们留下稍多一些的草而已，却几乎不会推迟灾难的到来。所以说，个体的善意对改变世界来说是远远不够的。

加勒特·哈丁将该隐喻应用在多个问题上（污染、人口过剩等等），并明确地用于过

▲ **里约热内卢城内高耸的科尔科瓦多山，巴西**
（南纬 22°57'，西经 43°13'）

在高704米的科尔科瓦多山的山顶上，矗立着一座由保罗·兰多斯基设计的救世基督像，俯瞰着瓜纳巴拉湾和里约热内卢。1992年的地球峰会就是在这里举行的，这届峰会奠定了可持续发展的基础，孕育了最重要的三项与环境相关的国际公约：一项关于气候，一项关于生物多样性，还有一项关于对抗荒漠化。20年后的2012年6月，另一个国际峰会，万众期待的里约20+峰会，最终没有促成任何决议，暴露出国际组织的无能。

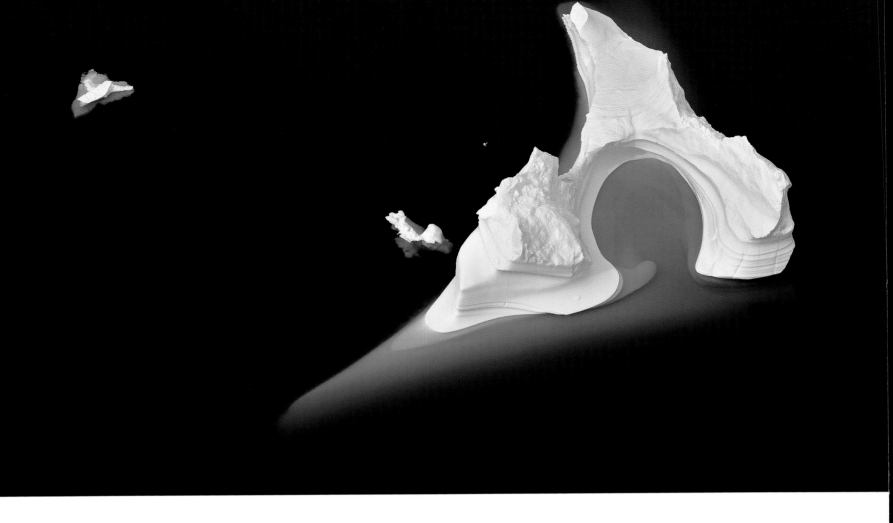

度捕捞："全球海洋同样受到公地的生存哲学的影响。海洋国家始终在自动响应'海洋自由论'，相信'海洋资源取之不尽用之不竭'，这样的观点将鱼类、鲸类，一个又一个的物种带向灭绝的边缘。"

两种解决方案

加勒特·哈丁做出总结：当某项资源是会耗竭的公共资源，且利用它来谋取私人利益是被允许的话，这个体系就会不可避免地向毁灭发展。为了应对这场危机，主要有两种解决办法：要么保持资源的公有化，但是让其利益也同样公共化，也就是国有化；要么就让利益私有，但同时也让资源私有化，这就是力度最强的私有化。无论如何，这些一般性的想法都只是引出一场关于具体该如何实施的广泛辩论：资源是否该被公开分配？如果将资源私有化，应该基于什么标准呢？

问题明显是出在捕鱼管理上的。在某些情况下，应该通过将捕鱼配额分给渔民团体，甚至渔民个体，来对资源的获取私有化。在另一些情况下，则应为资源的获取制定集体规则，如在公海进行全球治理。这其中没有哪个方案简单又无弊病，能在不同环境中以相同方式实施……所有方案都要求利益攸关的各方达成共识，即使当其中一方的势力过于强大时，有可能会导致这些方法以相对独裁的方式实现。

房子着火了

加勒特·哈丁的文章引发了各种各样的讨论、思考和反驳。但是在文章发表了50年后，情况依然没有什么显著变化。尽管加勒特·哈丁对于其他主题上的态度存在争议，但他是一位悲观主义者，且拥有令人不安的远见："自然的选择支持否认的力量。从这种能力中受益的个体会否认真相，哪怕从整体来看，他所处的社会正因此受到折磨。"正如

▲ 暖岛峡湾中被侵蚀的冰山，格陵兰
（北纬 60°28'，西经 45°19'）

大多数在巴芬湾和拉布拉多海中漂浮的冰山都来自格陵兰岛的西岸。每年都有1万至4万座这样的冰山被记录。在每年的春季和夏季，峡湾深处都会"生产"冰川，也就是说，在冰川的浮力以及波涛和潮汐的三重作用下，部分冰块会从这些大冰川上脱离。在全球变暖的大环境下，格陵兰冰帽正以每年248立方千米的速度融化。据部分科学研究报告显示，这种现象从21世纪初开始加速。

在法语中，这些群岛被称为利扬库尔，这个名字来源于1849年发现群岛的那艘捕鲸船。韩国人称之为独岛，日本人称之为竹岛，在日本人口中，这些无人居住的岩石岛位于日本海，而日本海也就是韩国人口中的东海，从名称的多样就能看出这是有争议的岛屿。根据第二次世界大战结束时签订的协议来看，这个区域是由韩国管理的，但是日本从未停止过对这个区域所属权的争夺。全世界海洋争端众多，尤其是在亚洲东南地区。

雅克·希拉克总统所说："房子着火了，我们却看向别处。"

最终，我们的短视很有可能为我们造成几个像 1992 年发生过的那样的灾难，纽芬兰岛的渔民震惊地发现海里的鱼都被他们掏空了，他们自己导致自己失了业。正如一些生态思想家所说，或许应该相信"灾难教育"能使人类进步。

食品安全

此外，另一问题的出现或许能改变这种状况：食品安全问题。当 90 亿 ~100 亿人的吃饭真正成为问题时，各国就会在改变农业政策的同时改变渔业政策了。鱼类资源或许将变得和油气田一样珍贵。到那时，它们就能得到好的保护了。

游说之争

2002年起，欧洲开始禁止广泛用于捕捞箭鱼和蓝鳍金枪鱼的流刺网。但是在某些国家，如法国、意大利、土耳其和摩洛哥，人们在2005年至2010年期间仍在使用它。Oceana，一家成立于美国的非政府组织，以照片和技术文件为依据，向欧洲委员会和保护大西洋金枪鱼国际委员会提出了诉讼，起到了威慑的作用。利用合法的手段对抗渔民的非法活动是Oceana的任务之一，但并不是唯一的任务：非政府组织还需要进行我们所说的"游说"工作。

要保护蓝鳍金枪鱼、鲨鱼和海龟，要奔赴的"战场"实在太多了。作为Oceana欧洲事务的负责人，尼古拉斯·富尼耶表示："游说很好的一点就是能允许我们在规章制度制定之时就提前进行干预。因为如果等事后再干预，往往就很难进行修改了，尤其是在涉及石油业或渔业这样的主要经济体时。在面对强大的经济利益时，生态学家们必须懂得施压，让他们的声音被人们听见，去捍卫另一种政策。"

然而双方力量悬殊。据一份年代有点久远的研究（发表于2003年，但一直被作为参考）显示，布鲁塞尔有20000名说客和15000名欧洲公务员。这个数据之后还在增加，但或许不是朝着对环境保护者有利的方向进行的。为了能提高透明度，2011年，欧盟建立了一个注册系统，有超过5000个利益集团在上面进行了注册。但还是有很多游说集团没有参与。而这些没参与的集团往往既不是最弱的，也不是最环保的。

专 访

升起海盗旗

保罗·沃森（PAUL WATSON）

他是绿色和平组织（Greenpeace）的创始人之一，是最激进的海洋保卫者，是肇事者、躁动者，是海盗。1977年被这个著名环保组织除名之后，他成立了海洋守护者协会（Sea Shepherd Conservation Society）。

继多次对抗捕杀海豹的惊人行动后，他在20世纪90年代撞沉了12条捕鲸船。他还在日本大地町湾揭发了对海豚的大屠杀，并且每年都在南极洲和日本捕鲸船进行实打实的斗争。这些还仅仅只是他战绩中的很小一部分……在此之前，保罗·沃森的做法都从未被过多追究。但是2012年5月13日，他因2002年的事件被捕于法兰克福。他曾受哥斯达黎加政府之邀抗击过度捕捞，扣留了一艘非法捕捞鲨鱼的船，并将其送回港口。这艘有问题的船所属的船队可能有一些高层关系，因为当海洋守护者协会的人员赶到之后，变成他们被逮捕了！因为担心诉讼会出现不公平的情况，保罗·沃森和他的团队逃走了。10年后，保罗·沃森在德国被捕，随后被保释，并于2012年7月25日秘密离开德国。我们也因此无法再按原计划采访到他。我们的这篇文章是在这些事情发生之前写好的，经他本人同意之后发表。无论我们是否赞同他的观点和做法，保罗·沃森都展现出了这个星球所需的勇气和奉献。

只有海盗才能制服海盗，这也是为什么我们用海盗旗作为海洋守护协会的标志。是的，我们就是海盗！我并没有想要否认这一点。在公海上，我们就是彻头彻尾的坏蛋。我们选择给我们引路的星星，去往使命召唤我们到达的地方。毕竟，在17世纪清理了加勒比海盗的不是英国海军，而是亨利·摩根，一名海盗。

一起保卫了新西兰的，也是海盗——尚·拉斐特和安德鲁·杰克逊。约翰·保罗·琼斯，同样是一名海盗，两个世纪以前先后在美国海军和俄罗斯帝国海军中享有盛名。海盗弗朗西斯·德雷克爵士和沃尔特·雷利爵士曾效忠于英国女王伊丽莎白一世，满载荣誉。海盗不靠官僚形式主义就能获得实际的效果。

"海盗不靠官僚形式主义就能获得实际的效果。"

是的，我们是海盗，但是是一群有纪律、有自己的荣誉法则的海盗。这个法则禁止我们杀害或伤害我们的敌人，要求我们在国际保护法的范围内行事，也就意味着我们只是在与海洋动物资源的非法开发作斗争。我们是一个反对违禁捕鱼的组织。

我们是追捕海盗的海盗，有点像那部很有名的电视剧《嗜血法医》中的德克斯特（Dexter），我们选择目标的时候往往很精确。我们瞄准的对象不是合法活动，哪怕我们对这些合法活动并不赞同。

我们并不是一个抗议组织。我们不挥动标语，我们只是反抗非法行为。正因如此，有人说我们是民兵部队。我们确实像民兵一样，在那些法律存在却没有被实施或者无法被实施，因而存在监管空缺的地方行动。我们的行为准则就是联合国的《世界自然宪章》，它确保了非政府组织和个人在保护自然的过程中可以按照国际法规进行。海洋守护者协会是一支在公海活动的海盗民兵队伍，但是它有自己的荣誉法则。

绿色和平组织谴责我们太过暴力。但实际上我们没有伤害过任何一个人。我们过去一直都只是在破坏财物，而且前提是这些财物是被用于非法掠夺生命的。我们认为这些做法是非暴力的，并将之称为"攻击性非暴力行动"；马丁·路德·金注意到暴力并不能被用来对付财富："我知道很多人一谈到区分财产和人就会做鬼脸，这两样东西对你们而言可能是同样神圣而不可侵犯的。我的想法没有这么刻板。生命是神圣的。而财产则是为生命服务的，不论我们可以赋予财产多少权利和尊重，它都不能像人一样存在，它是被人类丈量的地球的一部分，而非人本身。"（马丁·路德·金博士，《良知的号角》，1967）

我们的观念就是，对鱼叉、猎枪、木棍或延绳钓的摧毁都是非暴力行为，因为这么做的结果是预防残暴、避免有感觉的海洋生物遭受痛苦与死亡。

但我们也不能因为绿色和平组织或其他著名的组织反对我们就去指责他们，因为我们是海盗！

作为海盗，我们就有点像环保运动中的应召女郎，虽然军人们在暗中为我们鼓掌叫好，但是却不愿意让大众察觉。不过这并不会影响到我们什么。

人们还将我们视为生态恐怖分子。必须要说的是，在今天，只要是发出不一致的声音，就会被当作恐怖分子。"恐怖分子"这个词过去有确切的含义，它引起恐惧，但在今天，我们就几乎没把它放在心上了。我们的回应很简单：我们没有藏在阿富汗的地洞里，谴责我们的人完全有逮捕我们的自由，或者，请不要再歪曲词汇的含义和力量了。我们是骄傲的海洋守护者海盗，抨击我们在地球上的破坏力，我们完全不在乎，因为这套谴责的说法在捕鲸船、海豹猎手、捕鲨者、偷猎者和其他环境污染者中司空见惯。对我们来说，在与这群生态罪犯交手的战役中，我们树敌越多，就代表着越大的胜利与越高的信誉。

"我们就有点像环保运动中的应召女郎，军人们其实都在暗中为我们鼓掌叫好。"

捕鲸船、海豹猎手和其他海洋偷盗者对我们的恨意要比对其他任何一个和他们站在对立面的组织都深：他们对我们的恨接近疯狂，看他们用尽各种愚蠢的办法想要抓住我们，已经变成了我们的乐趣。如果不是因为我们成为他们的威胁，如果不是因为我们很高效，我们是激不起这么大的敌意的。

其他一些环保组织也反对我们，主要是因为我们并不依照他们的观念行事。一旦我们的做法超出了请愿、游说、游行和举标语的范畴，我们就会被大部分"绿色"组织判定为粗俗。但我们的目标是制止猎鲸，而不是抗议猎鲸。我们不服务于环境保护运动，我们是为全球生态系统，尤其是人类生态系统服务的：海洋守护者不会遵循所谓的环保运动的偏见和狭隘。我们既不左也不右。而且我们也没有任何政治规划。我们不是政治正确，但是我们所做的一切都是为了能实现生态正确。海洋守护者独立于一切文化、种族、国家和哲学信仰。我们感兴趣的只是"海洋生物"这个整体，我们的看法是生态和生物中心论的。换句话说，我们首先关心的并不是人类。这也使得一部分人认为我们是厌世的。不过我们不觉得这有什么。

人们有按照自己的意愿称呼我们、给我们命名的自由，他们也可以随意指责我们。我们对这些并不在乎，因为大众观点并不重要，再说，我们是海盗，人们不认可不是很正常吗？

我们关心的事就是拯救那些海洋生物的生命。只要我们的做法符合法律，没有伤害人，对一切其他的担心、看法、指控和谴责就都无所谓。

我们也意识到了自己并不被所有人喜欢。有些人因我们做的事情和站在我们对立面的身份不喜欢我们，也有些人赞同我们行动的理由却反对我们的做法。这些真的都不重要，因为我们张开双臂欢迎那些支持我们的人，不去在意其他人。我们没想过要取悦所有人，我们与自己保持一致，且只对自己负责。海洋守护者就是我们的身份，这代表我们是坚决的干涉者。

有时，我们会破坏或扣留用来非法掠夺生命的财产。有时，我们会说些部分人不爱听的话。我们不可避免地要做出些让一部分人不喜欢的事情。有时，我们可能还会采取一些一部分人不赞同的方法。

"在与这群生态罪犯交手的战役中，我们树敌越多，就代表着越大的胜利与越高的信誉。"

所以我们期望遇到一些反对。我们不是一个大组织，我们也没有在将来成为大组织的野心。我们是一个由志愿者、行动主义者和水手组成的团队，决心拯救遭受人类破坏的海洋。我们不需要行政结构，也不因不出名或不被尊敬而困扰。不过说到这，有谁听说过哪个海盗是备受敬仰的吗？我们是煽动者、是冒险家、是捣蛋鬼，没错！我们是海盗：我们以前是海盗，以后也仍会是。

教授先生……我不是你口中的文明人！为了一些只有我自己才可以衡量的原因，我已经完全与社会脱节了。

> ——尼摩船长，
> 儒尔·凡尔纳《海底两万里》

二见港海平面下的幼年鱿鱼
（Sepioteuthis lessoniana），
小笠原群岛，日本

这种大鳍鱿鱼在印度洋和太平洋热带海域很常见，在水下100米的水域内数量众多，还会占领珊瑚和海草。它们在夜间尤为活跃，更多地会在这段时间进食，白天则会躲起来，以躲避捕食者和鸟类。

低潮时的绍塞群岛，英吉利海峡，法国（北纬48°52'，西经1°50'）

绍塞群岛经受着欧洲最强的潮汐，潮高可达14米。海水每天涨两次潮，在岩石和沙滩上升起又落下。高潮时陆地露出的面积为65公顷，低潮时露出4000公顷。群岛庇护着300多种动植物物种和大量的鸟类，其中有不少是珍稀保护物种。这个群岛常住居民只有12人，但是2005年却接待了71500名游客，给脆弱的生态环境增加了压力。

摇摇摆摆地走在风雕冰面上的阿德利企鹅，南极

阿德利企鹅是一种海洋动物，90%的时间都在海里度过。这种南极洲的特有物种以捕食大量磷虾——一种在南冰洋海域很丰富的小型甲壳类动物为生。企鹅排泄物中的红色就是吃了这种虾造成的，也会沾染到冰上，和血液没有关系。

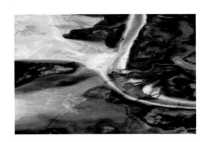

图利亚拉省附近的盐沼，马达加斯加（南纬19°52'，东经44°33'）

在马达加斯加的东南部，气候干旱，靠近海洋，很适合盐沼的形成。人们在盐沼不仅能产盐，还能产螺旋藻，一种极易种植的蓝色微型藻，哪怕是在最干旱的地方也能存活，并且营养丰富。尽管冷冻技术已被广泛应用，但仍有部分国家使用盐来保存食物，尤其是肉类和鱼类，所以盐在这些国家很受欢迎。

伪装在骏河湾沉积物中的星䲢属（Astrocopus）鱼类，伊豆半岛，本州，日本

星䲢属鱼类是一种可以靠将自己埋藏在沉积物中来实现伪装的深海鱼。这种鱼很普遍，因为它们长在头上方的眼睛让人觉得它们在瞻望星星，所以也被称为"瞻星鱼"。它们以小型鱼类或甲壳类动物为食，用背上的毒刺来捕捉猎物。

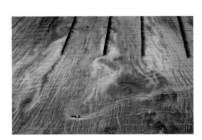

圣布里厄湾木栅栏中的绿藻，阿莫尔滨海省，法国（北纬48°32'，西经2°40'）

几十年来布列塔尼的污染反反复复，绿藻的迅速繁殖应归咎于农业工业：复合肥的使用，动物的排泄物、工业养猪场和禽类养殖过程中产生的废水的排入。这些污染物、硝酸盐和磷酸盐会通过河流流入大海，促进了藻类的增殖，这些藻类会在盐水中分解并释放有毒气体硫化氢。

对一棵深海红树的勘探，潟湖边缘，伯利兹

作为陆地环境和水生环境的过渡区，红树林里有大量的动植物物种。和沼泽一样，这里的环境也被认为是不卫生、无出产的，所以人们会将这里的水排干用于农业或城市需求。近30年来，全世界20%的红树林被破坏。而红树林其实大有用处，能够净化海水，保护生物多样性，保护海岸和土壤不受洪水、干旱的破坏和侵蚀。红树林同时还是非常重要的碳储库。

拉贾安帕特群岛，西巴布亚岛，印度尼西亚（南纬0°41'，东经130°25'）

拉贾安帕特群岛（四王群岛）是一处小小的人间天堂，拥有丰富的鱼类资源，如鳐鱼和鲨鱼，吸引着众多潜水爱好者和渔民。这里曾使用氢化物和炸药捕鱼，直到2007年，当地政府决定设立一个海洋保护区。

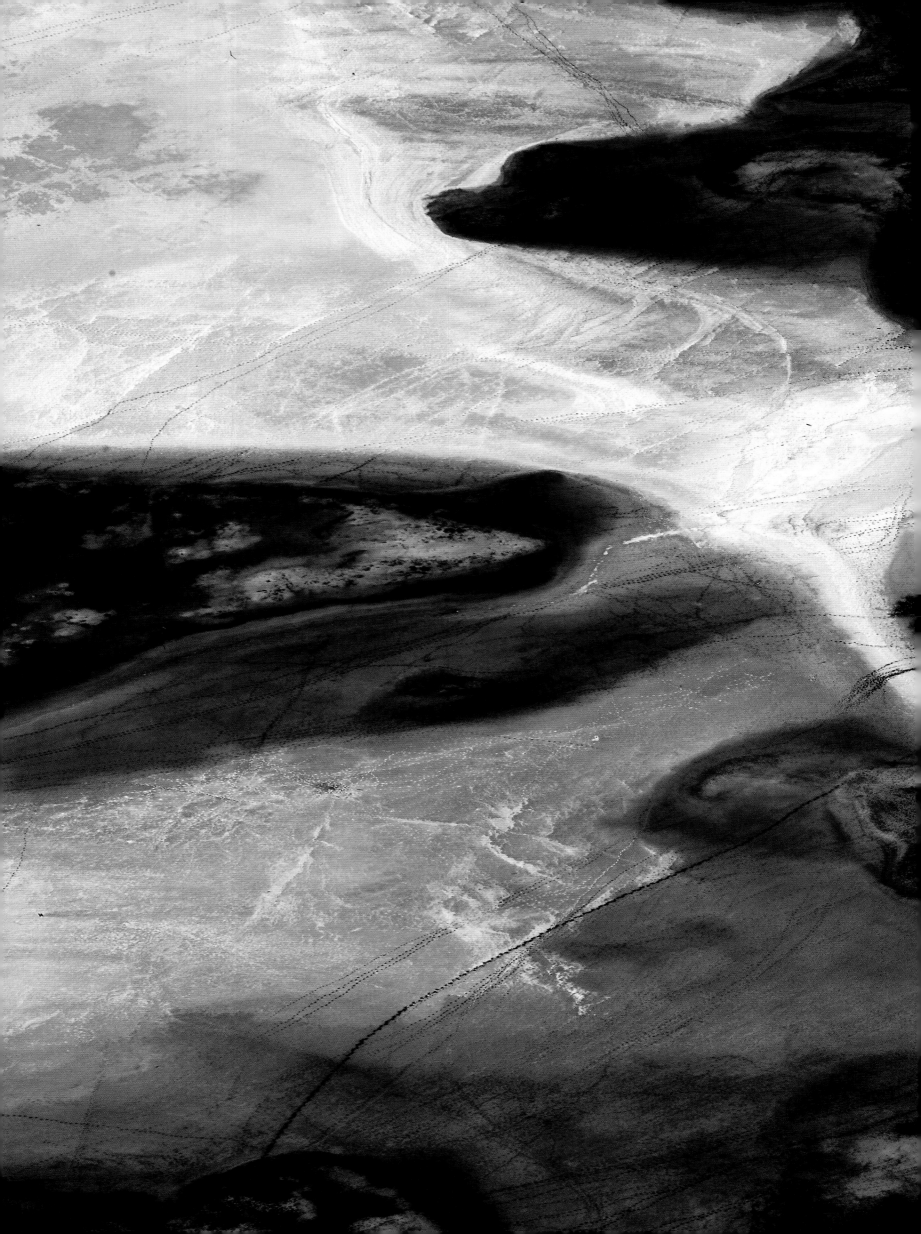

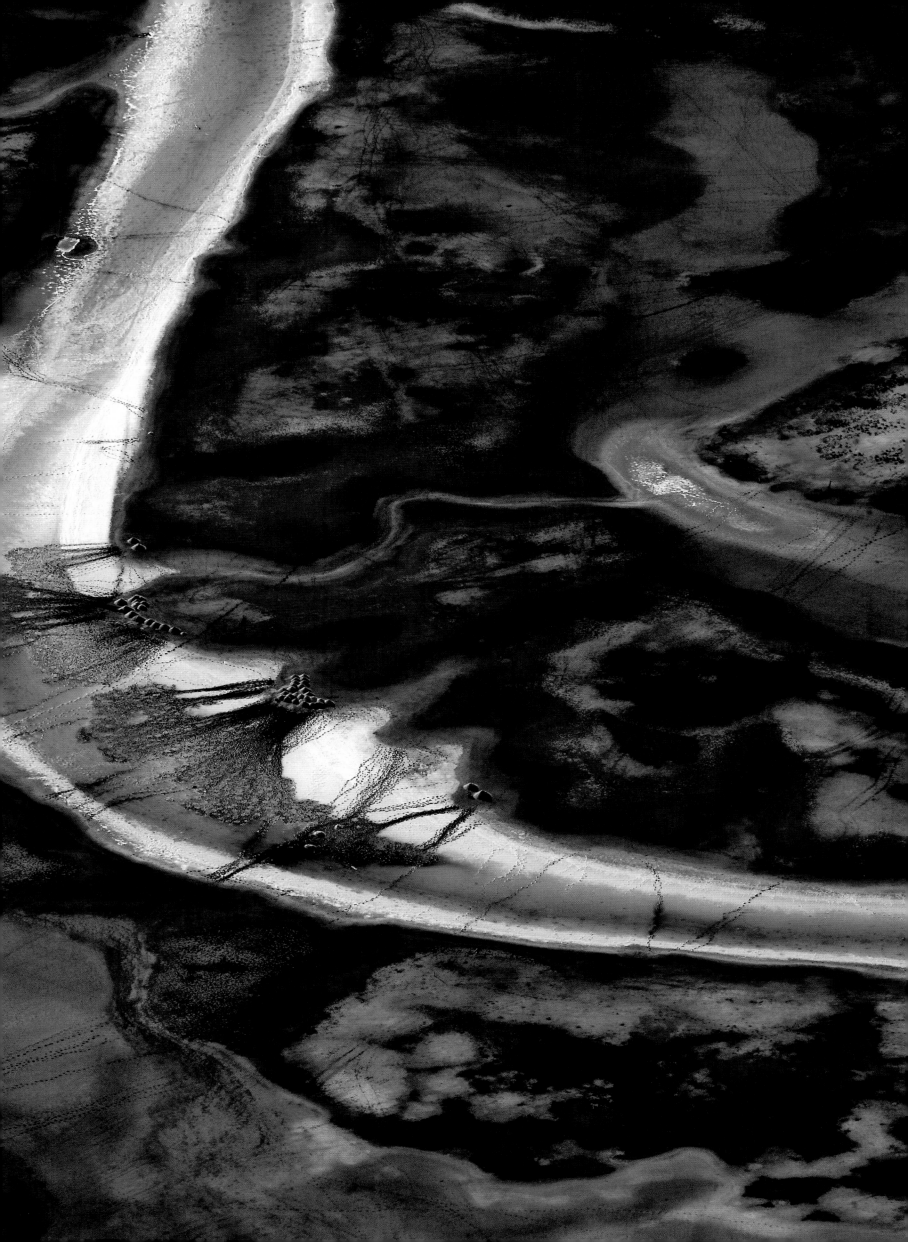

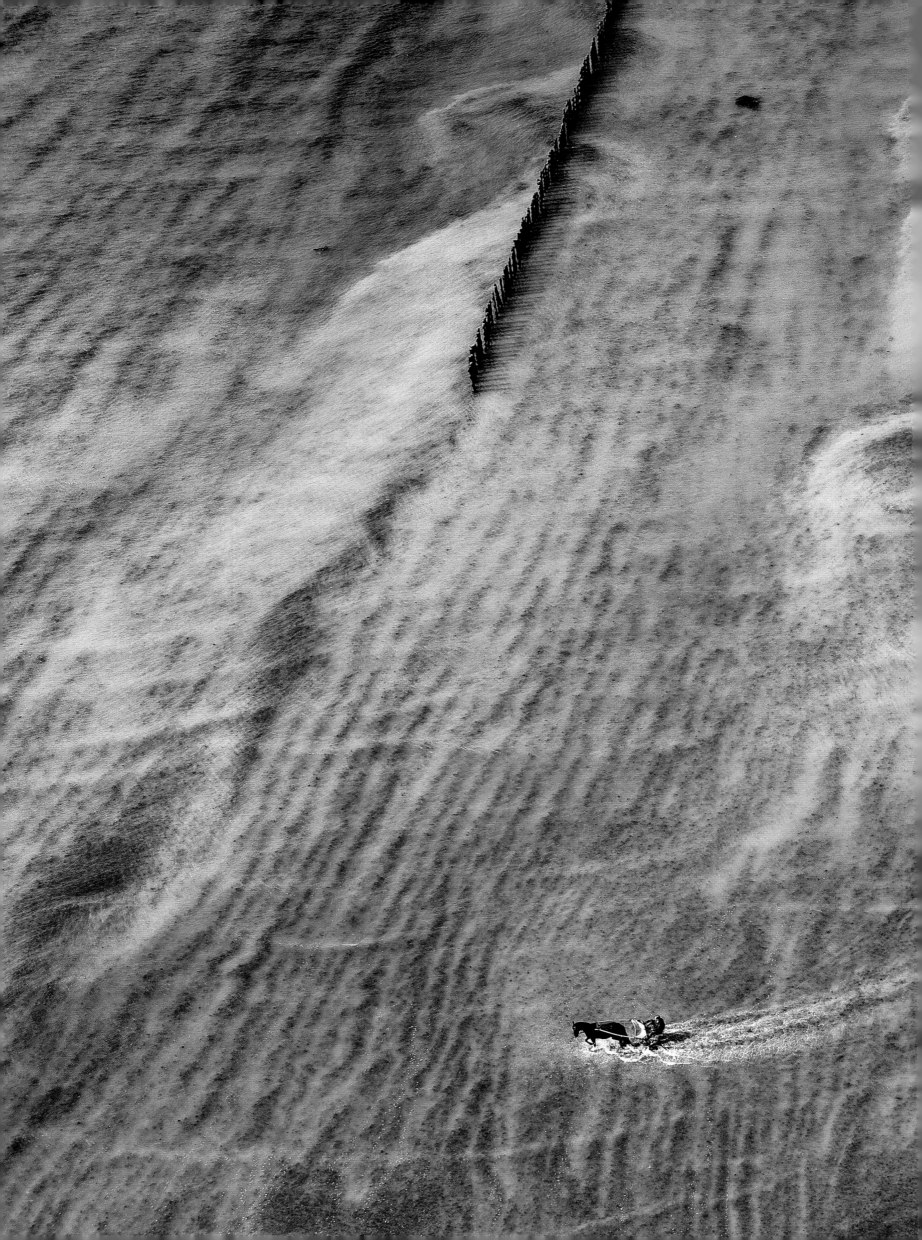

图书在版编目（CIP）数据

人类与海洋 /（法）亚恩·阿蒂斯–贝特朗,（美）布
赖恩·斯克里著；龚思乔译. —— 郑州：大象出版社，
2021.7
ISBN 978-7-5711-0771-0

Ⅰ.①人… Ⅱ.①亚… ②布… ③龚… Ⅲ.①人类 –
关系 – 海洋 – 普及读物 Ⅳ.① P7-49

中国版本图书馆 CIP 数据核字 (2020) 第 191727 号

Originally published in France as: L'homme et la mer
By Yann Arthus–Bertrand and Brian Skerry
©2012-Editions de La Martinière, une marque de la société EDLM
Current Chinese translation rights arranged through Divas International, Paris 巴黎迪法国际版权
代理(www.divas–books.com).

本书中文简体版权归属于银杏树下（北京）图书有限责任公司

著作权合同备案号：豫著许可备字 –2020–A–0135

人类与海洋
RENLEI YU HAIYANG

[法] 亚恩·阿蒂斯 - 贝特朗　　[美] 布赖恩·斯克里　　著
龚思乔　译

出 版 人　汪林中
出版统筹　吴兴元
责任编辑　王　冰
特约编辑　张媛媛
责任校对　牛志远
装帧制造　墨白空间·杨阳
出版发行　大象出版社（郑州市郑东新区祥盛街 27 号　邮政编码 450016）
　　　　　发行科　0371-63863551　　总编室　0371-65597936
网　　址　www.daxiang.cn
印　　刷　北京盛通印刷股份有限公司
经　　销　全国新华书店
开　　本　720 mm × 1030 mm　　1/8
印　　张　38
版　　次　2021 年 7 月第 1 版　　2021 年 7 月第 1 次印刷
定　　价　360.00 元

后浪出版咨询(北京)有限责任公司 常年法律顾问：北京大成律师事务所 周天晖 copyright@hinabook.com
未经许可，不得以任何方式复制或抄袭本书部分或全部内容
版权所有，侵权必究
本书若有印装质量问题，请与本公司图书销售中心联系调换。电话：010-64010019

皇带鱼科，巴哈马，大安的列斯群岛

皇带鱼科既能在温带海水中生存也能在热带海水中生存，体长可超过10米。我们很容易就能想到，一些在海滩搁浅或在水中浮动的皇带鱼，就成了那些海蛇传说的由来。图中的皇带鱼长3米，很可能是幼年。皇带鱼科最为世人熟知的特点就是它们拥有以垂直于水面的姿势移动的能力，它们这样做或许是为了能在狩猎过程中更清楚地看到那些在光线下的猎物。

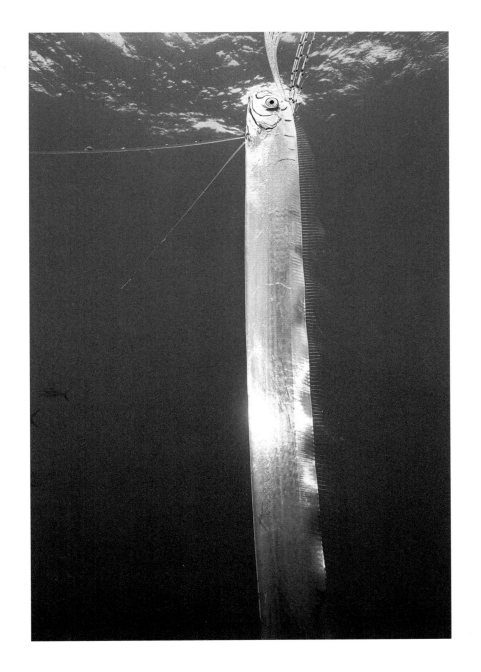

扉页：瓦尔德斯半岛海域的南露脊鲸，阿根廷
（南纬 42°23'，西经 64°29'）
第18页：灯塔礁附近的潜水员，伯利兹区，伯利兹
（北纬 17°16'，西经 87°30'）
第20页：一名潜水员与一条南露脊鲸的邂逅，奥克兰岛，新西兰

编者：美好星球基金会
主编：奥利维尔·布朗德
编辑：艾瑞克·布瓦托，本杰明·格里莫，塞德里克·雅瓦诺，朱利安·勒普罗沃，伊夫·西雅玛
图片研究员：弗朗索瓦丝·雅科

亚恩·阿蒂斯-贝特朗以及所有编者的版权全部归美好星球基金会所有。

登录www.goodplanet.org，支持美好星球基金会的活动。

本书所有文字内容都受创作共用许可（Creative commons licence）（CC - BY - NC - SA）的保护。您可以在注明原文出处的前提下对其进行非商业目的的转载（图片与版面除外）。

摄影权

空拍照片由亚恩·阿蒂斯-贝特朗提供。

水下照片由布赖恩·斯克里提供。

如果想使用或购买布赖恩·斯克里的摄影作品，请联系国家地理图像精选：www.nationalgeographicstock.com

以下作品版权提供者为：

第 27 页：克莱尔·露芙安，戴维·夏尔
第 51 页：美国国家航空航天局
第53页：克里斯汀·萨德，法国国家科学研究中心（CNRS）/浮游生物编年计划
第97页：伊娃·费雷罗
第164页：绿色和平组织/皮埃尔·格莱兹

特别鸣谢

美好星球基金会对本书的编写由法国巴黎银行（BNP Paribas）赞助
美好星球基金会海洋项目由欧米茄集团（OMEGA）赞助

●箭鱼（剑鱼）

●海鲈鱼

●大西洋鲑

●纵带羊鱼

●鲹

●黄道蟹

●鲭鱼

●鲽鱼

●长鳍金枪鱼

●大西洋大比目鱼

●鲨鱼

●海螯虾

●贻贝

●红鲷鱼

●沙丁鱼

●黑线鳕

●龙虾

●鳕鱼